建筑工程材料质量检验实用教程

俞　航　主　编

高月红　杨正俊　顾蓓瑜　副主编

中国铁道出版社

2012年·北京

内容提要

本书主要介绍了建筑材料基础知识、水泥性能的检测、普通混凝土性能的检测、建筑砂浆性能的检测、建筑钢材性能的检测、墙体材料性能的检测 、防水材料性能的检测 、塑料性能的检测、保温隔热吸声材料性能的检测等内容。

本书内容丰富，明了易懂；针对性、实用性强；既可供建筑施工企业基层管理人员使用，也可作为大中专院校的教材使用。

图书在版编目(CIP)数据

建筑工程材料质量检验实用教程/俞航主编. —北京：中国铁道出版社，2012.2

ISBN 978-7-113-14103-5

Ⅰ.①建… Ⅱ.①俞… Ⅲ.①建筑材料—质量检验—教材 Ⅳ.①TU502

中国版本图书馆 CIP 数据核字(2012)第 000346 号

书　　名：建筑工程材料质量检验实用教程

作　　者：俞　航　主编

策　　划：魏文彪

责任编辑：曹艳芳　　**编辑部电话**：010-51873017　　**电子信箱**：chengcheng0322@163.com

编辑助理：江新照

封面设计：冯龙彬

责任校对：孙　玫

责任印制：陆　宁

出版发行：中国铁道出版社(100054，北京市西城区右安门西街 8 号)

网　　址：http://www.tdpress.com

印　　刷：三河市华业印装厂

版　　次：2012 年 2 月第 1 版　2012 年 2 月第 1 次印刷

开　　本：787mm×960mm　1/16　印张：11.75　字数：238 千

印　　数：1～3 000 册

书　　号：ISBN 978-7-113-14103-5

定　　价：26.00 元

《建筑工程材料质量检验实用教程》

编写委员会

前言

项目教学法，是师生通过共同实施一个完整的“项目”工作而进行的教学活动，在完成指定项目任务的同时，学习和应用已有的知识，在实践的第一线培养解决问题的能力，是一种“真刀实枪”的演练。它的优越性得到各国教育界的重视，尤其是在以提高动手实践能力为目的职业教育中，越来越凸显其重要作用。传统学科模式教材注重理论知识，不能适应职业教育的培养目标，为了成功实施职业教育的课程改革，必然要开发重在实践操作的项目教学教材。

建筑材料是职业学校建筑类专业的专业基础课程，编写本教材着重于各种常用建筑材料的性能和使用，以完成项目任务的实际操作，来掌握各种建筑材料的检测技能，将某一教学课题的理论知识和实际技能结合在一起，学生有独立制订计划并实施的机会，有明确而具体的成果展示，学生自己克服、处理完成任务过程中出现的困难和问题，有利于他们更好地学习后续施工、造价等课程，掌握专业技能。

本教材编写难免有不妥之处，望读者提出宝贵意见。

目录

绪　论

建筑材料基础知识

学习目标

掌握建筑材料的基本性质，了解材料性能对建筑结构质量的影响作用，为进一步学习各种建筑材料的性能做好准备，为合理选用材料打下理论基础。

建筑材料基础知识

知识点一　建筑材料概述

1. 建筑材料的定义

1）广义的建筑材料是指建造建筑物和构筑物的所有材料，包括使用的各种原材料、半成品、成品等的总称。如黏土、铁矿石、石灰石、生石膏等。

2）狭义的建筑材料是指直接构成建筑物和构筑物实体的材料。如混凝土、水泥、石灰、钢筋、黏土砖、玻璃等。

3）作为建筑材料必须同时满足两个基本要求：

①满足建筑物和构筑物本身的技术性能要求，保证能正常使用。

②在其使用过程中，能抵御周围环境的影响与有害介质的侵蚀，保证建筑物和构筑物的合理使用寿命，同时也不能对周围环境产生危害。

2. 建筑材料的分类

建筑材料的分类，见表 0-1。

表 0-1　建筑材料分类

<table>
<tr><td rowspan="6">建筑材料的分类</td><td rowspan="3">按建筑材料的化学组成</td><td>无机材料</td></tr>
<tr><td>有机材料</td></tr>
<tr><td>复合材料</td></tr>
<tr><td rowspan="3">按建筑材料的使用功能</td><td>建筑结构材料</td></tr>
<tr><td>墙体材料</td></tr>
<tr><td>建筑功能材料</td></tr>
</table>

1）无机材料，包括金属材料和非金属材料。

①金属材料：有钢、铁、铝、铜及其合金等。

②非金属材料：包括天然石材、烧土制品、胶凝材料及制品、玻璃、无机纤维材料。

2）有机材料，包括植物材料、沥青材料及合成高分子塑料。

3)复合材料,包括有机与无机非金属材料、金属与无机非金属复合材料、金属与有机复合材料。

4)建筑结构材料,主要是指构成建筑物受力构件和结构所用的材料,如梁、板、柱、基础、框架及其他受力构件和结构等所用的材料。对这类材料主要技术性能的要求是强度和耐久性。

目前所用的主要结构材料有砖、石、水泥混凝土及两者的复合物——钢筋混凝土和预应力钢筋混凝土。随着工业的发展,轻钢结构和铝合金结构所占的比例将会逐渐加大。

5)墙体材料,主要指建筑物内、外及分隔墙体所用的材料,有承重和非承重两类。目前我国大量采用的墙体材料为粉煤灰砌块、混凝土及加气混凝土砌砖等。此外,还有混凝土墙板、石板、金属板材和复合墙板等。

6)建筑功能材料,主要指负担某些建筑功能的非承重用材料。如防水材料、绝热材料、吸声和隔声材料、采光材料、装饰材料等。

一般来说,建筑物的可靠度与安全度,主要决定于由建筑结构材料组成的构件和结构体系,而建筑物的使用功能与建筑品质,主要决定于建筑功能材料。对某一种具体材料来说,它可能兼有多种功能。

3. 建筑材料在建筑工程中的地位

建筑材料和建筑设计、建筑结构、建筑经济及建筑施工等一样,是建筑工程学科的一部分,而且是极为重要的部分。因为建筑材料是建筑工程的物质基础。一个优秀的建筑师总是把建筑艺术和以最佳方式选用的建筑材料融合在一起。结构工程师只有很好地了解建筑材料的性能后,才能根据力学计算,准确地确定建筑构件的尺寸和创造出先进的结构形式。建筑经济学家为了降低造价,节省投资,在基本建设中,首先要考虑的是节约和合理地使用建筑材料。而建筑施工和安装的全过程,实质上是按设计要求把建筑材料逐步变成建筑物的过程。它涉及到材料的选用、运输、储存以及加工等诸方面。总之,从事建筑工程的技术人员都必须了解和掌握建筑材料有关技术知识,而且应使所用的材料都能最大限度地发挥其效能,并合理、经济地满足建筑工程上的各种要求。

建筑、材料、结构、施工四者是密切相关的。从根本上说,材料是基础,材料决定了建筑和施工方法。新材料的出现,可以促使建筑形式的变化、结构设计和施工技术的革新。

4. 建筑材料的发展

(1)发展历程

自古以来,我国劳动者在建筑材料的生产和使用方面曾经取得了许多巨大成就。在上古时期,人类居于天然山洞或树巢中,随后逐步采用黏土、石、木等天然材料建造房屋。土坯房、传统的吊脚楼(图 0-1)就是利用天然材料建造的,采用黏土砖建造的房屋(图0-2)。

图 0-1 传统的吊脚楼

图 0-2 采用黏土砖建造的房屋

新中国成立以来,特别是改革开放以后,我国建筑材料生产得到了更迅速的发展。钢材已跻身世界生产大国之列;水泥工业已由新中国成立前年产量不足百万吨的单一品种,发展为品种、强度等级齐全年产量突破 4 亿吨的水平,陶瓷材料也由过去的单一白色瓷器发展到有上千种花色品种的陶瓷产品。玻璃工业也发展很快,普通玻璃已由新中国成立初期年产仅 108 万标箱发展到 1 亿余标箱,且能生产功能各异的新品种。随着生活水平的提高和住房条件的改善,建筑装饰材料更是丰富多彩,产业蓬勃兴旺。

建筑材料的进步伴随着生产力水平的提高,促使了建筑物规模尺寸增大、结构形式的改变和使用功能的改善。

(2)发展趋势

1)高性能材料的研制。

2)充分利用地方原料、固体废弃物、各种工业废渣等。

3)节能材料开发。

4)具有良好经济效益的材料。

5. 建筑材料的技术标准

各级标准都有各自的部门代号,例如:GB—国家标准;GBJ—建筑工程国家标准;JGJ—建设部行业标准;JC—国家建材局标准;YB—冶金部标准;ZB—国家级专业标准等等。

标准的表示方法,系由标准名称、部门代号、编号和批准年份等组成,例如:

1)国家标准《通用硅酸水泥》(GB 175—2007)。标准的部门代号为 GB,编号为 175,批准年份为:2007 年。

2)建设部标准《普通混凝土配合比设计规程》(JGJ 55—2011)。标准的部门代号为 JGJ,编号为 55,批准年份为 2011 年。

知识点二　建筑材料的基本性质

在建筑物中，建筑材料要承受各种不同的作用，因而要求其具有相应的不同性质。如用于建筑结构的材料要受到各种外力的作用，因此，选用的材料应具有所需要的力学性能。又如，根据建筑物各种不同部位的使用要求，有些材料应具有防水、绝热、吸声等性能；对于某些工业建筑，要求材料具有耐热、耐腐蚀等性能。此外，对于长期暴露在大气中的材料，要求能经受风吹、日晒、雨淋、冰冻而引起的温度变化、湿度变化及反复冻融等的破坏作用。为了保证建筑物的耐久性，要求在工程设计与施工中正确地选择和合理地使用材料，因此，必须熟悉和掌握各种材料的基本性质。

1. 建筑材料的基本物理性质

建筑材料在建筑物的各个部位的功能不同，均要承受各种不同的作用，因而要求建筑材料必须具有相应的基本性质。

物理性质包括密度、密实性、空隙率、孔隙率（计算材料用量、构件自重、配料计算、确定堆放空间）。

(1)材料的密度、表观密度与堆积密度

密度是指物质单位体积的质量。单位为 g/cm^3 或 kg/m^3。由于材料所处的体积状况不同，故有实际密度（密度）、表观密度和堆积密度之分。

1)实际密度。以前称比重、真实密度，简称密度(Density)。实际密度是指材料在绝对密实状态下，单位体积所具有的质量，按式(0-1)计算：

$$\rho=\frac{m}{V} \tag{0-1}$$

式中　ρ——实际密度(g/cm^3)；

m——材料在干燥状态下的质量(g)；

V——材料在绝对密实状态下的体积(cm^3)。

绝对密实状态下的体积是指不包括孔隙在内的体积。除了钢材、玻璃等少数接近于绝对密实的材料外，绝大多数材料都有一些孔隙，如砖、石材等块状材料。在测定有孔隙的材料密度时，应把材料磨成细粉以排除其内部孔隙，经干燥至恒重后，用密度瓶（李氏瓶）测定其实际体积，该体积即可视为材料绝对密实状态下的体积。材料磨得越细，测定的密度值越精确。

2)表观密度。以前称容重、有的也称毛体积密度。表观密度是指材料在自然状态下，单位体积所具有的质量，按式(0-2)计算：

$$\rho_0=\frac{m}{V_0} \tag{0-2}$$

式中　ρ_0——表观密度(g/cm^3 或 kg/m^3)；

m——材料的质量(g 或 kg)；

V_0——材料在自然状态下的体积，或称表观体积(cm^3 或 m^3)。

材料在自然状态下的体积是指材料的实体积与材料内所含全部孔隙体积之和。对于外形规则的材料，其测定很简便，只要测得材料的质量和体积，即可算得表观密度。不规则材料的体积要采用排水法求得，但材料表面应预先涂上蜡，以防水分渗入材料内部而影响测定值。

3)堆积密度。散粒材料在自然堆积状态下单位体积的质量称为堆积密度。可用式(0-3)表示：

$$\rho'_0=\frac{m}{V'_0} \tag{0-3}$$

式中 ρ'_0——堆积密度(kg/m^3)；

m——材料的质量(kg)；

V'_0——材料的堆积体积(m^3)。

散粒材料在自然状态下的体积，是指既含颗粒内部的孔隙，又含颗粒之间空隙在内的总体积。测定散粒材料的堆积密度时，材料的质量是指在一定容积的容器内的材料质量，其堆积体积是指所用容器的容积。若以捣实体积计算时，则称紧密堆积密度。

土木工程中，在计算材料用量、构件自重、配料计算以及确定堆放空间时，均需要用到材料的上述状态参数。

(2)材料的密实度与孔隙率

1)密实度是指材料的固体物质部分的体积占总体积的比例，说明材料体积内被固体物质所充填的程度，即反映了材料的致密程度，按式(0-4)计算：

$$D=\frac{V}{V_0}=\frac{\rho_0}{\rho}\times 100\% \tag{0-4}$$

按孔隙的特征，材料的孔隙可分为开口孔隙和闭口孔隙两种，二者孔隙率之和等于材料的总孔隙率。按孔隙的尺寸大小，又可分为微孔、细孔及大孔 3 种。不同的孔隙对材料的性能影响各不相同。一般而言，孔隙率较小，且连通孔较少的材料，其吸水性较小，强度较高，抗冻性和抗渗性较好。工程中对需要保温隔热的建筑物或部位，要求其所用材料的孔隙率应较大。相反，对要求高或不透水的建筑物或部位，则其所用的材料孔隙率应很小。

2)孔隙率是指材料体积内孔隙体积(V)占材料总体积(V_0)的百分率。可用式(0-5)计算：

$$P=\frac{V_0-V}{V_0}\times 100\%=\left(1-\frac{\rho_0}{\rho}\right)\times 100\% \tag{0-5}$$

孔隙率与密实度的关系为：

$$P+D=1$$

3)空隙率是指散粒材料在某容器的堆积体积中，颗粒之间的空隙体积(V_a)占堆积体积的百分率，以P'表示，因$V_a=V'_0-V_0$，则P'值可用式(0-6)计算：

$$P'=\frac{V'_0-V_0}{V'_0}\times100\%=\left(1-\frac{\rho'_0}{\rho_0}\right)\times100\% \tag{0-6}$$

2. 材料与水有关的性质

(1)亲水性与憎水性

1)亲水性：材料能被水润湿的性质，如砖、混凝土等。

材料产生亲水性的原因是其与水接触时，材料与水分子之间的亲和力大于水分子之间的内聚力所致。当材料与水接触，材料与水分子之间的亲和力小于水分子之间的内聚力时，材料则表现为憎水性。憎水性材料如沥青、石油等。

2)材料被水湿润的情况可用润湿边角θ来表示，见图0-3。

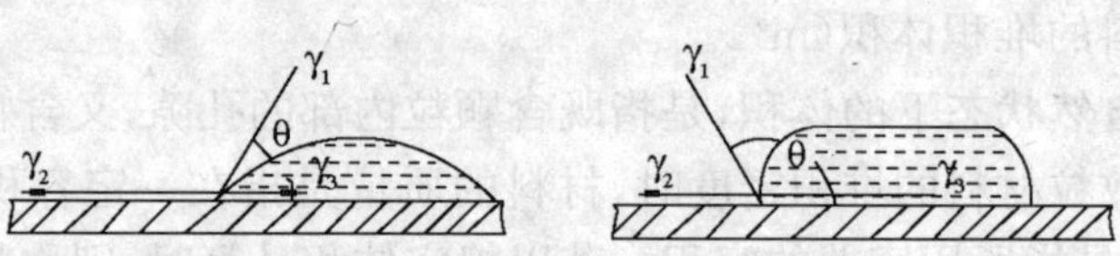

(a)亲水性材料　　(b)憎水性材料

图0-3　材料的润湿示意图

当材料与水接触时，在材料、水、空气三相的交界点，作沿水滴表面的切线，此切线与材料和水接触面的夹角θ，称为润湿边角。

3)亲水性材料与憎水性材料。

θ角越小，表明材料越易被水润湿。

当$\theta<90°$时，材料表面吸附水，材料能被水润湿而表现出亲水性，这种材料称亲水性材料。

当$\theta>90°$时，材料表面不吸附水，此称憎水性材料。

当$\theta=0°$时，表明材料完全被水润湿。

上述概念也适用于其他液体对固体的润湿情况，相应称为亲液材料和憎液材料。

(2)材料的吸水性与吸湿性

1)吸水性。材料在水中能吸收水分的性质称吸水性。材料的吸水性用吸水率表示，有质量吸水率与体积吸水率两种表示方法。

①质量吸水率是指材料在吸水饱和时，内部所吸水分的质量占材料干燥质量的百分率，用式(0-7)计算：

$$W_{质}=\frac{m_{湿}-m_{干}}{m_{干}}\times100\% \tag{0-7}$$

式中 $W_{质}$——材料的质量吸水率(%);

$m_{湿}$——材料在吸水饱和状态下的质量(g);

$m_{干}$——材料在干燥状态下的质量(g)。

②体积吸水率是指材料在吸水饱和时,其内部所吸水分的体积占干燥材料自然体积的百分率。用式(0-8)表示:

$$W_{体}=\frac{V_{水}}{V_0}\times 100\% \tag{0-8}$$

式中 $W_{体}$——材料的体积吸水率(%);

$V_{水}$——湿润状态下的体积(cm^3);

V_0——干燥材料在自然状态下的体积(cm^3)。

2)吸湿性。材料在潮湿空气中吸收水分的性质称为吸湿性。潮湿材料在干燥的空气中也会放出水分,此称还湿性。材料的吸湿性用含水率表示。

含水率系指材料内部所含水的质量占材料干燥质量的百分率。用式(0-9)表示:

$$W_{含}=\frac{m_{含}-m_{干}}{m_{干}}\times 100\% \tag{0-9}$$

式中 $W_{含}$——材料的含水率(%);

$m_{含}$——材料含水时的质量(g);

$m_{干}$——材料干燥至恒重时的质量(g)。

(3)材料的耐水性

材料长期在水作用下不被破坏,强度也不显著降低的性质称为耐水性。材料的耐水性用软化系数表示,如式(0-10):

$$K_{软}=\frac{f_{饱}}{f_{干}} \tag{0-10}$$

式中 $K_{软}$——材料的软化系数;

$f_{饱}$——材料在饱水状态下的抗压强度(MPa);

$f_{干}$——材料在干燥状态下的抗压强度(MPa)。

软化系数大于 0.80 的材料,通常可认为是耐水材料。

(4)材料的抗渗性

材料抵抗压力水渗透的性质称为抗渗性或称不透水性。

材料的抗渗性通常用渗透系数 K 表示。

渗透系数的物理意义是:一定厚度的材料,在一定水压力下,在单位时间内透过单位面积的水量。用式(0-11)表示:

$$K=\frac{Wd}{Ath} \tag{0-11}$$

式中 W——透过材料试件的水量(mL);

d—— 试件厚度(cm);

A——透水面积(cm^2);

t——透水时间(h);

h——静水压力水头(cm)。

K 值越大,表示材料渗透的水量越多,即抗渗性越差。

混凝土的抗渗性用抗渗等级表示。抗渗等级是以规定的试件,在标准试验方法下所能承受的最大静水压力来确定,以符号 Pn 表示,其中 n 为该材料所能承受的最大水压力的 10 倍的兆帕数,如 P4、P6、P8、P10、P12 等,分别表示材料能承受 0.4 MPa、0.6 MPa、0.8 MPa、1.0 MPa、1.2 MPa 的水压而不渗水。材料的抗渗性与其孔隙率和孔隙特征有关。

(5)材料的抗冻性

材料在水饱和状态下,能经受多次冻融循环作用而不破坏,也不严重降低强度的性质,称为材料的抗冻性。

材料的抗冻性用抗冻等级表示。抗冻等级是以规定的试件,在规定试验条件下,测得其强度降低不超过 25%,且质量损失不超过 5%时所能承受的最多的循环次数来表示。用符号 Fn 表示,其中 n 即为最大冻融循环次数,如 F25、F50 等。材料抗冻等级的选择,是根据结构物的种类、使用条件、气候条件等来决定的。

知识点三　建筑材料的基本力学性质

1. 材料的强度

材料在外力作用下抵抗破坏的能力,称为材料的强度。

根据外力作用形式的不同,材料的强度有抗压强度、抗拉强度、抗弯强度及抗剪强度等,均以材料受外力破坏时单位面积上所承受的力的大小来表示。材料的这些强度是通过静力试验来测定的,故总称为静力强度。材料的静力强度是通过标准试件的破坏试验而测得,必须严格按照国家规定的试验方法标准进行。材料的强度是大多数材料划分等级的依据。表 0-2 列出了材料的抗压、抗拉、抗剪和抗弯强度的计算公式。

表 0-2　材料的抗压、抗拉、抗剪、抗弯强度计算公式

强度类别	受力作用示意图	强度计算式	附　注
抗压强度 f_c(MPa)	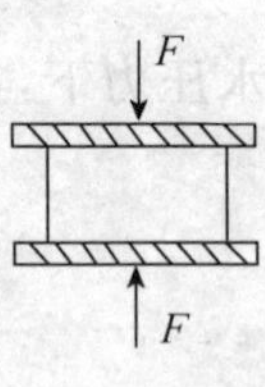	$f_c = \dfrac{F}{A}$	

续上表

强度类别	受力作用示意图	强度计算式	附 注
抗拉强度 f_t(MPa)		$f_t=\frac{F}{A}$	
抗剪强度 f_v(MPa)	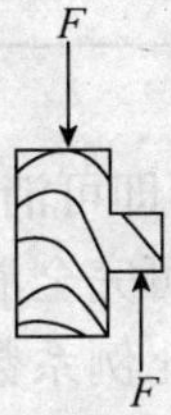	$f_v=\frac{F}{A}$	F——破坏荷载(N); A——受荷面积(mm^2); l——跨度(mm); b——断面宽度(mm); h——断面高度(mm)
抗弯强度 f_{tm}(MPa)	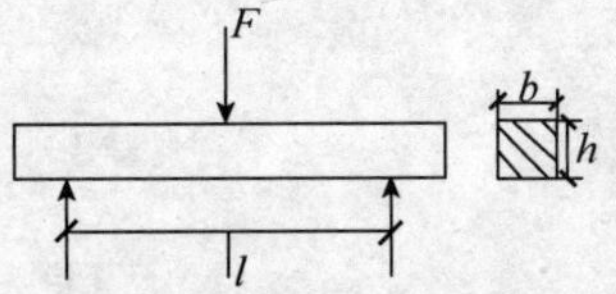	$f_{tm}=\frac{3Fl}{2bh^2}$	

2. 材料的等级

大部分建筑材料根据其极限强度的大小,可划分为若干不同的强度等级。如:烧结普通砖按抗压强度分为 6 个等级:MU30、MU25、MU20、MU15、MU10、MU7.5;硅酸盐水泥按抗压和抗折强度分为 6 个等级:42.5、42.5R、52.5、52.5R、62.5、62.5R 等;混凝土按其抗压强度分为 14 个等级:C15、C20、C25、C30、C35、C40、C45、C50、C55、C60、C65、C70、C75、C80 等;碳素结构钢按其抗拉强度分为 4 个等级,如 Q195、Q215、Q235、Q275 等。

建筑材料按强度划分为若干个强度等级,对生产者和使用者均有重要的意义,它可使生产者在生产中控制产品质量时有依据,从而确保产品的质量。对使用者而言,则有利于掌握材料的性能指标,便于合理选用材料、正确进行设计和控制工程施工质量。

3. 材料的比强度

比强度是按单位体积质量计算的材料强度,其值等于材料强度与其表观密度之比。对于不同强度的材料进行比较,可采用比强度这个指标,参见表 0-3。比强度是衡量材料轻质高强性能的重要指标。优质的结构材料,必须具有较高的比强度。几种主要材料的比强度见表 0-3。普通混凝土为质量大而强度较低的材料,所以努力促进普通混凝土这一当代最重要的结构材料向轻质、高强方向发展,是一项十分重要的工作。

表 0-3　钢材、木材和混凝土的强度比较

材　料	表观密度 ρ_0(kg/m³)	抗压强度 f_c(MPa)	比强度 f_c/ρ_0
低碳钢	7 860	415	0.053
松木	500	34.3(顺纹)	0.069
普通混凝土	2 400	29.4	0.012

4. 材料的弹性与塑性

材料在外力作用下产生变形，当外力取消后，材料变形即可消失并能完全恢复原来形状的性质，称为弹性。材料的这种当外力取消后瞬间内即可完全消失的变形，称为弹性变形。弹性变形属可逆变形，其数值大小与外力成正比，其比例系数 E 称为材料的弹性模量。材料在弹性变形范围内，弹性模量 E 为常数，其值等于应力 σ 与应变 ε 的比值，即

$$E=\frac{\sigma}{\varepsilon} \tag{0-12}$$

式中　σ——材料的应力(MPa)；

ε——材料的应变；

E——材料的弹性模量(MPa)。

弹性模量是衡量材料抵抗变形能力的一个指标。E 值越大，材料越不易变形，亦即刚度好。弹性模量是结构设计时的重要参数。

在外力作用下材料产生变形，如果取消外力，仍保持变形后的形状尺寸，并且不产生裂缝的性质，称为塑性。这种不能恢复的变形称为塑性变形。塑性变形为不可逆变形，是永久变形。

实际上纯弹性变形的材料是没有的，通常一些材料在受力不大时，仅产生弹性变形；受力超过一定极限后，即产生塑性变形。有些材料在受力时，如建筑钢材，当所受外力小于弹性极限时，仅产生弹性变形；而外力大于弹性极限后，则除了弹性变形外，还产生塑性变形。有些材料在受力后，弹性变形和塑性变形同时产生，当外力取消后，弹性变形会恢复，而塑性变形不能消失，如混凝土。弹塑性材料的变形曲线见图 0-4，图中 ab 为可恢复的弹性变形，bo 为不可恢复的塑性变形。

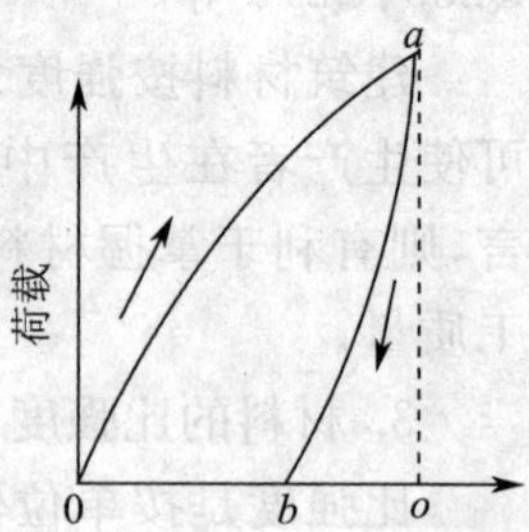

图 0-4　弹塑性材料的变形曲线

5. 材料的脆性与韧性

材料在外力作用下，当外力达到一定限度后，材料发生突然破坏，且破坏时无明显的塑性变形，这种性质称为脆性。具有这种性质的材料称脆性材料。

脆性材料抵抗冲击荷载或振动荷载作用的能力很差。其抗压强度远大于抗拉强度，可高达数倍甚至数十倍。所以脆性材料不能承受振动和冲击荷载，也不宜用作受拉构件，只适于用作承压构件。建筑材料中大部分无机非金属材

料均为脆性材料，如天然岩石、陶瓷、玻璃、普通混凝土等。

材料在冲击或振动荷载作用下，能吸收较大的能量，产生一定的变形而不破坏，这种性质称为韧性。如建筑钢材、木材等属于韧性较好的材料。材料的韧性值用冲击韧性指标 α_K 表示。冲击韧性指标系指用带缺口的试件做冲击破坏试验时，断口处单位面积所吸收的功。其计算公式为：

$$\alpha_K=\frac{A_K}{A} \tag{0-13}$$

式中 α_K——材料的冲击韧性指标（J/mm^2）；

A_K——试件破坏时所消耗的功（J）；

A——试件受力净截面积（mm^2）。

在建筑工程中，对于要求承受冲击荷载和有抗震要求的结构，如吊车梁、桥梁、路面等所用的材料，均应具有较高的韧性。

6. 材料的硬度、耐磨性

（1）硬度

硬度是材料表面能抵抗其他较硬物体压入或刻画的能力。不同材料的硬度测定方法不同，通常采用的有刻画法和压入法两种。刻画法常用于测定天然矿物的硬度。矿物硬度分为 10 级（莫氏硬度），其递增的顺序为：滑石 1；石膏 2；方解石 3；萤石 4；磷灰石 5；正长石 6；石英 7；黄玉 8；刚玉 9；金刚石 10。钢材、木材及混凝土等的硬度常用钢球压入法测定（布氏硬度 HB）。材料的硬度越大，则其耐磨性越好，但不易加工。工程中有时也可用硬度来间接推算材料的强度。

（2）耐磨性

耐磨性是材料表面抵抗磨损的能力。材料的耐磨性用磨损率 B 表示，其计算公式为：

$$B=\frac{m_1-m_2}{A} \tag{0-14}$$

式中 B——材料的磨损率（g/cm^2）；

m_1、m_2——分别为材料磨损前、后的质量（g）；

A——试件受磨损的面积（cm^2）。

材料的耐磨性与材料的组成成分、结构、强度、硬度等有关。在建筑工程中，对于用作踏步、台阶、地面、路面等的材料，应具有较高的耐磨性。一般来说，强度较高且密实的材料，其硬度较大，耐磨性较好。

知识点四 建筑材料的耐久性

1. 耐久性的概念

材料的耐久性是指用于建筑物的材料，在环境的多种因素作用下不变质、不破坏，长久地保持其使用性能的能力。

耐久性是材料的一种综合性质，诸如抗冻性、抗风化性、抗老化性、耐化学腐蚀性等均属耐久性的范围。

此外，材料的强度、抗渗性、耐磨性等也与材料的耐久性有密切关系。

2. 环境影响因素

材料在建筑物使用过程中长期受到周围环境和各种自然因素的破坏作用，一般可分为物理作用、化学作用、机械作用、生物作用等。

物理作用包括材料的干湿变化、温度变化及冻融变化等。

化学作用包括酸、碱、盐等物质的水溶液及气体对材料产生的侵蚀作用，使材料产生质的变化而破坏。

生物作用是昆虫、菌类等对材料所产生的蛀蚀腐朽等破坏作用。

钢材易受氧化而锈蚀，无机金属材料常因氧化、风化、碳化、溶蚀、冻融、热应力、干湿交替作用而破坏，有机材料因腐烂、虫蛀、老化而变质。

练习题

1. 建筑材料按照化学成分不同，可以把材料分为：____、____和复合材料。
2. 材料的抗冻等级 F100 代表____。
3. 一般而言，孔隙率较小，且连通孔较少的材料，其吸水率____（较大/较小），抗冻性和抗渗性____（较好/较差）。
4. 材料的表观密度是指材料在____状态下单位体积的质量。
5. 比强度是按单位____计算的材料强度，其值等于材料强度与其____密度之比。
6. 随含水率增加，多孔材料的密度____，导热系数____。
7. 有一块湿砖重 2 625 g，含水率为 5%，烘干至恒重，该砖重为____。
8. 某工地所用卵石材料的密度为 2.65 g/cm^3、表观密度为 2.61 g/cm^3、堆积密度为 1 680 kg/m^3，计算此石子的孔隙率与空隙率？
9. 有一块烧结普通砖，在吸水饱和状态下重 2 900 g，其绝干质量为 2 550 g。砖的尺寸为 240 mm×115 mm×53 mm，经干燥并磨成细粉后取 50 g，用排水法测得绝对密实体积为 18.62 cm^3。试计算该砖的吸水率、密度、孔隙率。
10. 某石材在气干、绝干、水饱和情况下测得的抗压强度分别为 174 MPa、178 MPa、165 MPa，求该石材的软化系数，并判断该石材可否用于水下工程。

练习题答案

1. 无机材料　有机材料
2. 该材料能承受的最大冻融循环次数为 100 次
3. 较小　较好
4. 自然状态下
5. 质量　表观
6. 不变　增大
7. 2500 g
8. 石子的孔隙率 P 为：

$$P=\frac{V_0-V}{V_0}\times 100\%=1-\frac{\rho_0}{\rho}=1-\frac{2.61}{2.65}=1.51\%$$

石子的空隙率 P,为：

$$P'=\frac{V'_0-V_0}{V'_0}\times 100\%=1-\frac{V_0}{V'_0}=1-\frac{\rho'_0}{\rho_0}=1-\frac{1.68}{2.61}=35.63\%$$

9. 该砖的吸水率为：

$$W_{质}=\frac{m_{湿}-m_{干}}{m_{干}}\times 100\%=\frac{2\ 900-2\ 550}{2\ 550}\times 100\%=13.72\%$$

该砖的密度为：

$$\rho=\frac{m}{V}=\frac{50}{18.62}=2.69\ \mathrm{g/cm^3}$$

表观密度为：

$$\rho_0=\frac{m}{V_0}=\frac{2\ 550}{24\times 11.5\times 5.3}=1.74\ \mathrm{g/cm^3}$$

孔隙率为：

$$P=1-\frac{\rho_0}{\rho}=1-\frac{1.74}{2.69}=35.3\%$$

10. 该石材的软化系数为：

$$K_R=\frac{f_b}{f_g}=\frac{165}{178}=0.93$$

由于该石材的软化系数为 0.93,大于 0.85,故该石材可用于水下工程。

第 1 章

水泥性能的检测

学习目标

1)掌握水泥的细度、标准稠度用水量、凝结时间、安定性、强度等主要技术性能。

2)学会水泥各种主要技术性能指标的检测。

3)熟悉各种常用胶凝材料的性能、用法。

相关理论知识

知识点一　胶凝材料的定义和分类

1. 胶凝材料的定义

建筑上能将砂、石子、砖、石块、砌块等散粒或块状料黏结为整体的材料,统称为胶凝材料。

2. 分类

1)胶凝材料品种繁多,可分为有机与无机两大类。

2)无机胶凝材料又可分为气硬性胶凝材料和水硬性胶凝材料。

①气硬性胶凝材料,只能在空气中凝结、硬化,并且强度增强的一种胶凝材料。例如:石灰。

②水硬性胶凝材料,既能在空气中硬化,也能在水中凝结、硬化,并且强度增强的胶凝材料。例如:水泥。

知识点二　气硬性胶凝材料

1. 石灰

(1)石灰的定义和分类

石灰是将碳酸钙为主要成分的岩石如石灰岩、贝壳石灰岩等,经适当煅烧分解、排出二氧化碳而制成的块状材料,其主要成分为氧化钙,其次为氧化镁,通常把这种白色轻质的块状物质称为块灰；以块灰为原料经粉碎、磨细制成磨细生石灰粉或建筑生石灰粉。

根据生石灰氧化镁含量，分为钙质生石灰（氧化镁≤5%）和镁质生石灰（氧化镁>5%）。

(2)石灰的生产

生产石灰的过程就是煅烧石灰石，使其分解为生石灰和二氧化碳的过程。碳酸钙煅烧温度达到900 ℃时，分解速度开始加快。但在实际生产中，由于石灰石致密程度、杂质含量及块度大小的不同，并考虑到煅烧中的热损失，所以实际的煅烧温度在1 000 ℃～1 200 ℃，或者更高。当煅烧温度达到700 ℃时，石灰岩中的次要成分碳酸镁开始分解为氧化镁。

在煅烧过程中，由于火候控制的不均，会出现过火石灰、欠火石灰和正火石灰。正火石灰是正常温度下煅烧得到的石灰，具有多孔结构，内部孔隙率大，表观密度小，与水作用速度快；欠火石灰是由于煅烧温度过低或煅烧时间不足，内部残留一部分未分解的石灰岩核芯，而外部为正常煅烧的石灰，欠火石灰只是降低了石灰的利用率，不会带来危害；过火石灰由于煅烧温度过高或煅烧时间过长，孔隙率减少，表观密度增大，结构致密，表面常被熔融的黏土杂质形成的玻璃物质所包裹，因此过火石灰熟化十分缓慢，可能在石灰使用之后熟化，体积膨胀，致使已硬化的砂浆产生“崩裂”或“鼓泡”现象，影响工程质量。

(3)石灰的“陈伏”

为了消除过火石灰的危害，生石灰熟化形成的石灰浆应在储灰坑中放置两周以上，这一过程称为石灰的“陈伏”。“陈伏”期间，石灰浆表面应保有一层水分，与空气隔绝，以免碳化。

(4)石灰的熟化和硬化

1)石灰的熟化是指生石灰加水之后水化为熟石灰的过程。生石灰具有强烈的消化能力，水化时放出大量的热，其放热量和放热速度比其他胶凝材料大得多。

2)石灰浆体在空气中逐渐硬化，是由下面两个同时进行的过程来完成的。

①结晶作用：游离水分蒸发，氢氧化钙逐渐从饱和溶液中结晶。

②碳化作用：氢氧化钙与空气中的二氧化碳化合生成碳酸钙结晶，释出水分并被蒸发。

(5)石灰的技术性质

1)可塑性好。生石灰熟化为石灰浆时，能自动形成颗粒极细（直径约为1 μm）的呈胶体分散状态的氢氧化钙，表面吸附一层厚的水膜。因此用石灰调成的石灰砂浆其突出的优点是具有良好可塑性。在水泥砂浆中掺入石灰浆，可使可塑性显著提高。

2)硬化慢、强度低。从石灰浆体的硬化过程可以看出，由于空气中二氧化碳稀薄，碳化甚为缓慢。而且表面碳化后，形成紧密外壳，不利于碳化作用的深入，也不利于内部水分的蒸发，因此石灰是硬化缓慢的材料。

同时，石灰的硬化只能在空气中进行，硬化后的强度也不高。受潮后石灰溶解，强度更低，在水中还会溃散。石灰不宜在潮湿的环境下作用，也不宜用于重要建筑物基础。

3)硬化时体积收缩大。石灰在硬化过程中，蒸发大量的游离水而引起显著的收缩，所以除调成石灰乳作薄层涂刷外，不宜单独使用。常在其中掺入砂、纸筋等以减少收缩和节约石灰。

4)耐水性差，不易贮存。块状类石灰放置太久，会吸收空气中的水分而自动熟化成消石灰粉，再与空气中二氧化碳作用而还原为碳酸钙，失去胶结能力。所以贮存生石灰，不但要防止受潮，而且不宜贮存过久。最好运到后即熟化成石灰浆，将贮存期变为陈伏期。由于生石灰受潮熟化时放出大量的热，而且体积膨胀，所以，储存和运输生石灰时，还要注意安全。

2. 石膏

石膏是以硫酸钙为主要成分的矿物，当石膏中含有结晶水不同时可形成多种性能不同的石膏。

(1)石膏的分类

根据石膏中含有结晶水的多少不同可分为：

1)无水石膏($CaSO_4$)。也称硬石膏，它结晶紧密、质地较硬，是生产硬石膏水泥的原料。

2)天然石膏($CaSO_4 \cdot 2H_2O$)。也称生石膏或二水石膏，大部分自然石膏矿为生石膏，是生产建筑石膏的主要原料。

3) 建筑石膏 ($CaSO_4 \cdot 1/2\ H_2O$) 。也称熟石膏或半水石膏，它是由生石膏加工而成的，根据其内部结构不同可分为α型半水石膏和β型半水石膏。α型半水石膏与β型半水石膏相比，结晶颗粒较粗，比表面积较小，强度高，因此又称为高强石膏。

建筑石膏通常是由天然石膏经压蒸或煅烧加热而成的。

(2)建筑石膏的水化与硬化

建筑石膏与适量水拌和后，能形成可塑性良好的浆体，随着石膏与水的反应，浆体的可塑性很快消失而发生凝结，此后进一步产生和发展强度而硬化。

$$CaSO_4 \cdot \frac{1}{2}H_2O + 1\frac{1}{2}H_2O = CaSO_4 \cdot 2H_2O \downarrow$$

此反应实际上也是半水石膏的溶解和二水石膏沉淀的可逆反应，因为二水石膏溶解度比半水石膏的溶解度小得多，所以此反应总体表现为向右进行，二水石膏以胶体微粒自水中析出。

随着二水石膏沉淀的不断增加，就会产生结晶，结晶体的不断生成和长大，晶体颗粒之间便产生了摩擦力和黏结力，造成浆体的塑性开始下降，这一现象称为石膏的初凝；而后随着晶体颗粒间摩擦力和黏结力的增大，浆体的塑性很快下降，直至消失，这种现象为石膏的终凝。

石膏终凝后，其晶体颗粒仍在不断长大和连生，形成相互交错且孔隙率逐渐减小的结构，其强度也会不断增大，直至水分完全蒸发，形成硬化后的石膏结构，这一过程称为石膏的硬化。石膏浆体的凝结和硬化，实际上是交叉进行的。

(3)建筑石膏的技术性质

1)凝结硬化速度快

建筑石膏的浆体，凝结硬化速度很快。一般石膏的初凝时间仅为 10 min 左右，终凝时间不超过 30 min，这对于普通工程施工操作十分方便。

2)凝结硬化时的膨胀性

建筑石膏凝结硬化是石膏吸收结晶水后的结晶过程，其体积不仅不会收缩，而且还稍有膨胀(0.2%～1.5%)，这种膨胀不会对石膏造成危害，还能使石膏的表面较为光滑饱满，棱角清晰完整，避免了普通材料干燥时的开裂。

3)硬化后的多孔性、重量轻，且强度低

建筑石膏在使用时，为获得良好的流动性，常加入的水分要比水化所需的水量多，因此，石膏在硬化过程中由于水分的蒸发，使原来的充水部分空间形成孔隙，造成石膏内部的大量微孔，使其质量减轻，但是抗压强度也因此下降。通常石膏硬化后的表观密度约为 800～1 000 kg/m^3，抗压强度约为 3～5 MPa。

4)良好的隔热吸音和“呼吸”的功能

石膏硬化体中大量的微孔，使其传热性显著下降，因此具有良好的绝热能力；石膏的大量微孔，特别是表面微孔对声音传导或反射的能力也显著下降，使其具有较强的吸声能力。大热容量和大的孔隙率及开口孔结构，使石膏具有呼吸水蒸气的功能。

5)防火性好，但耐水性差

硬化后石膏的主要成分是二水石膏，当受到高温作用时或遇火后会脱出 21%左右的结晶水，并能在表面蒸发形成水蒸气幕，可有效地阻止火的蔓延，具有良好的防火效果。

由于硬化石膏的强度来自于晶体粒子间的黏结力，遇水后粒子间连接点的黏结力可能被削弱。部分二水石膏溶解而产生局部溃散，所以建筑石膏硬化体的耐水性较差。

6)良好的装饰性和可加工性

石膏表面光滑饱满，颜色洁白，质地细腻，具有良好的装饰性。微孔结构使其脆性有所改善，硬度也较低，所以硬化石膏可锯、可刨、可钉。具有良好的可加工性。

(4)建筑石膏的应用

1)石膏砂浆及粉刷石膏。

2)建筑石膏制品：石膏板、石膏砌块等。

3)制作建筑雕塑和模型。

3. 水玻璃

(1)水玻璃的含义和生产

水玻璃，又名泡化碱，可溶于水，由碱金属氧化物和二氧化硅结合而成的硅酸盐材料。建筑上常用钠水玻璃（$Na_2O \cdot nSiO_2$）。

水玻璃的主要原料是石英砂、纯碱。将原料磨细，按比例配合，在玻璃熔炉内加热至1 300 ℃～1 400 ℃，熔融而生成硅酸钠，冷却后即成固态水玻璃。

固态水玻璃在0.3～0.8 MPa的蒸压锅内加水加热，溶解为无色、淡黄或青灰色透明或半透明黏稠液体，即成为液态水玻璃。

(2)水玻璃的硬化

水玻璃在空气中吸收二氧化碳，析出二氧化硅凝胶，凝胶因干燥而逐渐硬化。

上述硬化过程很慢，为加速硬化，可掺入适量的固化剂，如氟硅酸钠（Na_2SiF_6），以加速二氧化硅凝胶的析出和硬化。氟硅酸钠的适宜掺量为水玻璃质量的12%～15%。

(3)水玻璃的性质及应用

水玻璃的黏结强度，抗拉和抗压强度较高。耐热性好，耐酸性强，它能经受大多数无机酸与有机酸的作用。

1)作为灌浆材料，加固地基。

2)作为涂料，可提高密实性和抗风化的能力。

3)可作为耐酸材料(拌制耐酸砂浆、耐酸混凝土，用于防腐工程)。

4)可作为耐热材料(拌制耐热砂浆、耐热混凝土，用于高温工程)。

5)用于堵漏抢险工程(水玻璃溶于混凝土或砂浆中，可使他们急速硬化)。

知识点三　硅酸盐水泥的定义、原料和熟料

1. 硅酸盐水泥的定义

由硅酸盐水泥熟料、0～5%石灰石或粒化高炉矿渣、适量石膏磨细制成的水硬性胶凝材料。

硅酸盐水泥分为两种类型：Ⅰ型硅酸盐水泥P·Ⅰ(不掺加混合材料)，Ⅱ型硅酸盐水泥P·Ⅱ(掺加量不超过水泥质量的5%的混合材料)。

2. 硅酸盐水泥的原料及生产过程

(1)原料

生产硅酸盐水泥的原料主要是石灰质原料和黏土质原料。

1)石灰质原料：石灰石、白垩等主要提供氧化钙。

2)黏土质原料：黏土、页岩等主要提供氧化硅、氧化铝和氧化铁。

有时为调整化学成分还需加入少量辅助原料，如铁矿石。为调整硅酸盐水泥的凝结时间，在生产的最后阶段还要加入石膏。

(2)硅酸盐水泥生产的主要过程。

硅酸盐水泥生产的主要过程，见图1-1。

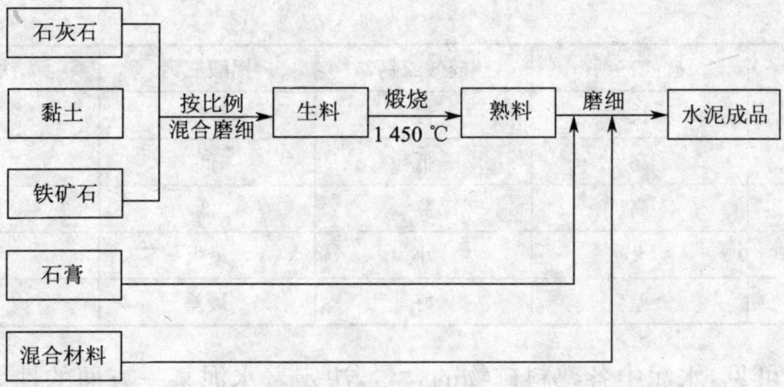

图 1-1　硅酸盐水泥生产流程图

硅酸盐水泥熟料的生产是以适当比例的几种原料共同磨制成生料（一磨）将生料送入窑中进行高温煅烧（一烧），再将熟料磨细（二磨）。概括来说，水泥生产主要的工艺就是两磨一烧。

3. 熟料的矿物组成、特性及其与水泥性质的关系

(1)熟料的矿物组成

在煅烧过程中，首先是石灰石和黏土分别分解出氧化钙(CaO)、二氧化硅(SiO_2)、三氧化二铝(Al_2O_3)和三氧化二铁(Fe_2O_3)，然后在 800 ℃～1 200 ℃的温度范围内相互反应，经过一系列的中间过程后，生成硅酸二钙、铝酸三钙和铁铝酸四钙；在1 400 ℃～1 450 ℃的温度范围内，硅酸二钙又与 CaO 在熔融状态下发生反应生成硅酸三钙。

经过上述反应形成的化合物——硅酸三钙、硅酸二钙、铝酸三钙和铁铝酸四钙称为水泥熟料的矿物组成。

硅酸三钙 $3CaO \cdot SiO_2$（简写为 C_3S），含量为 36%～60%；

硅酸二钙 $3CaO \cdot SiO_2$（简写为 C_2S），含量为 15%～37%；

铝酸三钙 $3CaO \cdot Al_2O_3$（简写为 C_3A），含量为 7%～15%；

铁铝酸四钙 $4CaO \cdot Al_2O_3 \cdot Fe_2O_3$（简写为 C_4AF），含量为 10%～18%。

上述四种矿物中硅酸钙矿物（包含 C_3S 和 C_2S）是主要的，其含量约占70%～85%。

(2)水泥熟料矿物的组成、含量及特性

水泥熟料矿物的组成、含量及特性，见表 1-1。

表 1-1　水泥熟料矿物的组成、含量及特性

矿物名称	硅酸三钙	硅酸二钙	铝酸三钙	铁铝酸四钙
矿物组成	$3CaO \cdot SiO_2$	$2CaO \cdot SiO_2$	$3CaO \cdot Al_2O_3$	$4CaO \cdot Al_2O_3 \cdot Fe_2O_3$
简写式	C_3S	C_2S	C_3A	C_4AF
矿物含量	37%～60%	15%～37%	7%～15%	10%～18%

续上表

矿物名称		硅酸三钙	硅酸二钙	铝酸三钙	铁铝酸四钙
矿物特性	硬化速度	快	慢	最快	快
	早期强度	高	低	低	中
	后期强度	高	高	低	低
	水化热	大	小	最大	中
	耐腐蚀性	差	好	最差	中

由表 1-1 可见：水泥中各熟料矿物的含量，决定着水泥某一方面的性能。改变熟料矿物成分之间的比例，水泥的性质就会发生相应的变化。如果提高硅酸三钙的相对含量，就可以制得高强水泥和早强水泥；如果提高硅酸二钙的相对含量，同时适当降低硅酸三钙与铝酸三钙的相对含量，即可制得低热水泥或中热水泥。

知识点四　硅酸盐水泥的水化、凝结硬化

1. 水化、凝结硬化的过程

水泥石的结构，见图 1-2。

(1)水化

水泥加水拌和后，水泥颗粒立即分散于水中与水发生化学反应，生成水化产物并放出热量。

经水化反应后的主要水化产物中水化硅酸钙和水化铁酸钙为凝胶体，氢氧化钙、水化铝酸钙和水化硫铝酸钙为晶体。在完全水化的水泥石中，凝胶体约为 70%，氢氧化钙约为 20%。

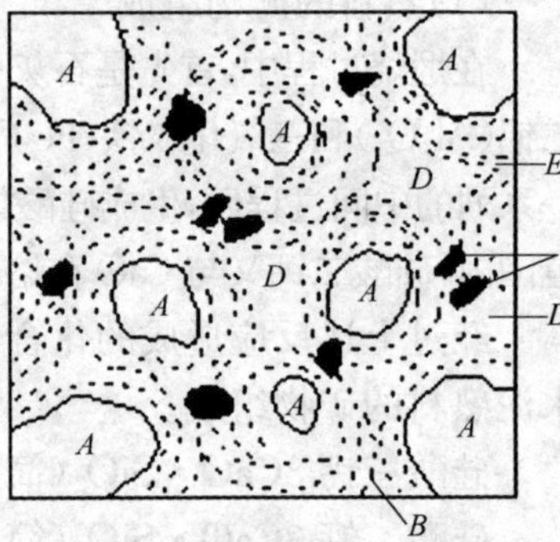

图 1-2　水泥石的结构

A—未水化水泥颗粒；*B*—胶体粒子；*C*—晶体粒子；*D*—毛细孔(毛细孔水)；*E*—凝胶孔

(2)凝结

水泥加水拌和后的剧烈反应，一方面使水泥浆中起润滑作用的自由水逐渐减少；另一方面，由于结晶和析出的水化产物逐渐增多，水泥颗粒表面的新生物厚度逐渐增大，使水泥浆中固体颗粒间的间距逐渐减少，越来越多的颗粒相互连接形成了骨架结构。此时，水泥浆便开始慢慢失去可塑性，表现为水泥的初凝。

由于铝酸三钙水化极快，会使水泥很快凝结，使得工程中缺少足够的时间操作使用。为此，水泥中加入了适量的石膏，水泥加入石膏后，一旦铝酸三钙开始水化，石膏会与水化铝酸三钙反应生成针状的钙矾石。但钙矾石的数量达到一定量时，会形成一层保护膜覆盖在水泥颗粒的表面，阻止水泥颗粒表面水化产物的向外扩散，降低了水泥的水化速度，也就延缓了水泥颗粒间相互靠近的速度，使水泥的初凝时间得以延缓。

当掺入水泥的石膏消耗殆尽时，水泥颗粒表面的钙矾石覆盖层被水泥水化物的积聚所胀破，使得铝酸三钙等矿物的再次快速水化得以继续进行，水泥颗粒间逐渐相互靠近，直至连接形成骨架。此过程表现为水泥浆的塑性逐渐消失，直到凝结。

(3)硬化

随着水泥水化的不断进行，凝结后的水泥浆结构内部孔隙不断被新生水化物填充和加固，使其结构的强度不断增长，即使已形成坚硬的水泥石，其强度仍在缓慢增长。因此，只要条件适宜，硅酸盐系水泥的硬化在长时期内是一个无休止的过程。

2. 影响水泥凝结硬化的主要因素

(1)水泥的熟料矿物组成及细度

硅酸盐水泥熟料矿物组成是影响水泥的水化速度、凝结硬化过程及强度等的主要因素。四种主要熟料矿物中，C_3S是决定性因素，是强度的主要来源。改变熟料中矿物组成的相对含量，即可配制成具有不同特性的硅酸盐水泥。提高C_3S的含量，可制得快硬高强水泥；减少C_3A和C_3S的含量，提高C_2S的含量，可制得水化热低的低热水泥；降低C_3A的含量，适当提高C_4AF的含量，可制得耐硫酸盐水泥。

水泥磨得愈细，水泥颗粒平均粒径小，比表面积大，水化时与水的接触面大，水化速度快，相应的水泥凝结硬化速度就快，早期强度就高。

(2)水灰比

水灰比指水泥浆中水与水泥的质量之比。水泥水灰比的大小直接影响新拌水泥浆体内毛细孔的数量，拌和水泥时，用水量过大，新拌水泥浆体内毛细孔的数量就要增大。由于生产的水化物不能填充大多数毛细孔，从而使水泥总的孔隙率不能减少，必然使水泥的密实程度不大，强度降低。在不影响拌和、施工的条件下，水灰比小，则水泥浆稠，水泥石的整体结构内毛细孔减少，凝结硬化速度快，强度提高快。

(3)石膏的掺量

生产水泥时掺入石膏，主要是作为缓凝剂使用，以延缓水泥的凝结硬化速度。掺入石膏后，由于钙矾石晶体的生成，还能改善水泥石的早期强度。但是石膏的掺量过多时，不仅不能缓凝，而且可能对水泥石的后期性能造成危害。

(4)环境温度和湿度

水泥水化反应的速度与环境的温度有关，只有处于适当温度下，水泥的水化、凝结和硬化才能进行。通常，温度较高时，水泥的水化、凝结和硬化速度就较快。温度降低，则水化作用延续，强度增长缓慢，当环境温度低于0 ℃时，水化反应停止，由于水分结冰，会导致水泥石冻裂，破坏其结构。温度的影响主要表现在水泥水化的早期阶段，对后期影响不大。

水泥水化是水泥与水之间的反应，只有在水泥颗粒表面保持有足够的水分，水泥的水化、凝结硬化才能充分进行。环境湿度大，水分不易蒸发，水泥的水化及凝结硬化就能够保持足够的化学用水。如果环境干燥，水泥浆中的水分蒸发过快，当水分蒸发完毕后，水化作用将无法继续进行，硬化即行停止，强度也不再增长，甚至还会在制品表面产生干缩裂缝。因此，使用水泥时必须注意养护，使水泥在适宜的温度及湿度环境中进行硬化，从而不断增长其强度。

(5)龄期

水泥的水化硬化是一个较长时期内不断进行的过程，随着水泥颗粒内各熟料矿物水化程度的提高，凝胶体不断增加，毛细孔不断减少，使水泥石的强度随龄期增长而增加。实践证明，水泥一般在 28 d 内强度发展较快，28 d 后增长缓慢。

(6)外加剂的影响

硅酸盐水泥的水化、凝结硬化受硅酸三钙、铝酸三钙的制约，凡对硅酸三钙和铝酸三钙的水化能产生影响的外加剂，都能改变硅酸盐水泥的水化、凝结硬化性能。如加入促凝剂($CaCl_2$、Na_2SO_4 等)就能促进水泥水化硬化，提高早期强度。相反，掺加缓凝剂(木钙糖类等)就会延缓水泥的水化、硬化，影响水泥早期强度的发展。

3. 水泥水化热

水化热是指水泥和水之间发生化学反应放出的热量。大部分水化热是在水化初期(7 d)放出的，以后则逐步减少。

水泥水化热大小主要取决于水泥的矿物组成和细度。冬期施工时，水化热有利于水泥的正常凝结硬化。但对大体积混凝土工程，如大型基础、大坝、桥墩等，水化热大是不利的，可使混凝土产生裂缝。因此对大体积混凝土工程，应采用水化热较低的水泥，如中热水泥、低热矿渣水泥等。

知识点五　水泥石的腐蚀及防止

1. 水泥石的腐蚀

在某些腐蚀性介质的作用下，水泥石的结构逐渐遭到破坏，强度下降以致全部崩溃的现象为水泥石的腐蚀。水泥石的抗腐蚀系数用耐蚀系数表示，以同一龄期浸在侵蚀性溶液中的水泥试体强度与在淡水中养护的水泥试体强度之比表示。耐蚀系数越大，水泥的抗侵蚀性越好。

(1)软水腐蚀(溶出性侵蚀)

软水指工业冷凝水、蒸馏水、天然的雨水以及含重碳酸盐很少的河水及湖水。

1)静水中，$Ca(OH)_2$ 至饱和使溶出停止，作用仅限于表面。

2)流水、压力水中，$Ca(OH)_2$ 被带走，侵蚀不断深入内部，使水泥石孔隙增大，强度下降至全部崩溃。

3)含重碳酸盐的硬水中产生化学反应：

$$Ca(OH)_2 + Ca(HCO_3)_2 \rightarrow CaCO_3 \downarrow + 2H_2O$$

生成的 $CaCO_3$ 积聚于水泥石空隙，形成密实保护层，阻止外界水入侵和内部 $Ca(OH)_2$ 析出。

(2)盐类腐蚀

1)硫酸盐腐蚀(膨胀性化学腐蚀)。

2)镁盐腐蚀(溶解性化学腐蚀)。

(3)酸类腐蚀

1)碳酸腐蚀。

2)一般酸的腐蚀(HCl、H_2SO_4)。

(4)强碱腐蚀

2. 腐蚀的防止

1)根据侵蚀环境特点，合理选用水泥品种。

2)提高水泥石的密实度。

3)表面加保护层。

知识点六　硅酸盐水泥和普通水泥的特性与应用

1. 特性

1)凝结硬化快，强度高，尤其早期强度高。

2)抗冻性好。

3)水化热大。

4)不耐腐蚀。

5)不耐高温。

2. 应用

1)适用于重要结构的高强混凝土及预应力混凝土工程。

2)适用于早期强度要求高的工程及冬期施工的工程。

3)适用于严寒地区，遭受反复冻融的工程及干湿交替的部位。

4)不宜用于受流动的软水和水压作用工程，也不宜用于受海水和矿物水作用的工程。

5)不宜用于大体积混凝土。

6)不宜用于高温的工程。

知识点七　掺混合材料的硅酸盐水泥

1. 掺入混合材料的目的

凡在硅酸盐水泥熟料中，掺入一定量的混合材料和适量的石膏共同磨细制成的水硬性胶凝材料，均属掺混合材的硅酸盐水泥。其掺入目的为：

1)改善水泥的性能。

2)增加品种。

3)提高产量。

4)节约熟料,降低成本。

2. 混合材料

(1)定义

在水泥生产过程中,为改善水泥性能,调节水泥强度等级,扩大使用范围而掺入的天然或人工的矿质原料称为混合材料。

(2)分类

1)活性混合材料——具有火山灰性或潜在水硬性的材料,如矿渣、粉煤灰等。

2)非活性混合材料——不具有潜在水硬性的材料,如石灰石粉、慢冷矿渣等。

3. 掺混合材料的硅酸盐水泥

(1)普通硅酸盐水泥

1)代号P·O。

2)熟料+(6～15)%混合材+石膏。

3)强度等级:32.5、32.5R、42.5、42.5R、52.5、52.5R六个。

4)性质:同硅酸盐水泥相近。

5)凝结时间:$t_{初}\geqslant45$ min;$t_{终}\leqslant10$ h。

(2)矿渣硅酸盐水泥

1)代号P·S。

2)熟料+(20～70)%矿渣+石膏。

3)强度等级:32.5、32.5R、42.5、42.5R、52.5、52.5R六个。

4)细度、体积安定性、凝结时间的要求同普通硅酸盐水泥。

(3)火山灰质硅酸盐水泥

1)代号P·P。

2)熟料+(20～50)%火山灰+石膏。

3)强度等级:32.5、32.5R、42.5、42.5R、52.5、52.5R六个。

4)细度、体积安定性、凝结时间的要求同普通硅酸盐水泥。

(4)粉煤灰硅酸盐水泥

1)代号P·F。

2)熟料+(20～40)%粉煤灰+石膏。

3)强度等级:32.5、32.5R、42.5、42.5R、52.5、52.5R六个。

4)细度、体积安定性、凝结时间的要求同普通硅酸盐水泥

4. 掺混合材料的水泥的技术特点

1)凝结硬化速度慢，早期强度低，后期强度高。

2)水化放热速度慢，放热量低。

3)对温度敏感性高，温度低时影响强度发展。

4)抗腐蚀性好；矿渣水泥耐热性好。

5)适于水下、大体积混凝土结构和蒸养的混凝土构件。

6)不适于抗冻、干燥地区的混凝土工程。

5. 掺混合材料的水泥各龄期强度要求

掺混合材料的水泥各龄期强度要求，见表1-2。

表1-2　掺混合材料的水泥各龄期强度要求

强度等级	抗压强度(MPa)		抗折强度(MPa)	
	3 d	28 d	3 d	28 d
32.5	10.0	32.5	2.5	5.5
32.5R	15.0	32.5	3.5	5.5
42.5	15.0	42.5	3.5	6.5
42.5R	19.0	42.5	4.0	6.5
52.5	21.0	52.5	4.0	7.0
52.5R	23.0	52.5	4.5	7.0

6. 五种常用水泥的主要性能

五种常用水泥的主要性能，见表1-3。

表1-3　五种常用水泥的主要性能

特性＼品种	P·Ⅰ、P·Ⅱ	P·O	P·S	P·P	P·F
水化热	高		低		
凝结时间	快	较快	较慢，低温下尤甚		
强度发展	早期强度高	早期强度较高	早期强度低，但后期强度可等于同强度等级硅酸盐水泥		
抗硫酸腐蚀	较差		较强	当 SiO_2 多时，抗硫酸盐腐蚀性好 当 AlO_3 多时，抗硫酸盐腐蚀性差	
抗冻性	好		较差		

续上表

品种 特性	P·Ⅰ、P·Ⅱ	P·O	P·S	P·P	P·F
干缩性	小		较大	大	较小
保水性	较好		差	好	差
蒸养适应性	不宜高于 60 ℃～80 ℃		好		
适用范围	(1)高强度混凝土 (2)快硬早强结构 (3)抗冻混凝土	(1)地下与水中结构 (2)抗冻混凝土	(1)耐热要求的混凝土 (2)大体积混凝土	抗渗混凝土	早期强度较高的工程
不适用范围	(1)大体积混凝土 (2)易受腐蚀的混凝土 (3)耐热混凝土	—	(1)早期强度要求较高的混凝土 (2)抗渗要求高的混凝土	(1)干燥环境 (2)有耐磨要求的混凝土	(1)抗碳化要求的混凝土 (2)抗渗要求

任务一　水泥细度检测

【学习目标】

1)掌握细度的概念、熟悉检测水泥细度的意义。

2)学会水泥细度检测的方法和步骤。

【知识要点】

1. 检测水泥细度的意义

水泥细度指水泥颗粒粗细的程度。

水泥颗粒级配的结构对水泥的水化硬化速度、需水量、和易性、放热速度、特别是对强度有很大的影响。在一般条件下，水泥颗粒在 0～10 μm 时，水化最快，在 3～30 μm 时，水泥的活性最大，大于 60 μm 时，活性较小，水化缓慢，大于 90 μm 时，只能进行表面水化，只起到微骨料的作用。所以，在一般条件下，为了较好地发挥水泥的胶凝性能，提高水泥的早期强度，就必须提高水泥细度，增加 3～30 μm 的级配比例。但必须注意，水泥细度过细，比表面积过大，小于3 μm的颗粒太多，水泥的需水量就偏大，将使硬化水泥浆体因水分过多引起孔隙率增加而降低强度。同时，水泥细度过细，亦将影响水泥的其他性能，如储存期水泥活性下降较快，水泥的需水性较大，水泥制品的收缩增大，抗冻性降低等。另外，水泥过细将显著影响水泥磨的性能发挥，使产量降低，电耗增高。所以，生产中必须合理控制水泥细度，使水泥具有合理的颗粒级配。

概括地说：水泥与水的反应是从水泥颗粒表面开始，逐渐深入到颗粒内部的。水泥颗粒越细，其比表面积越大，与水的接触面越多，水化反应进行的越快和越充分，凝结硬化越快，强度越高，收缩也增大。但水泥越细，越易吸收空气中水分而受潮形成絮凝团，反会使水泥活性降低。此外，提高水泥的细度要增加粉磨时的能耗，降低粉磨设备的生产率，增加成本。

水泥细度是水泥的重要技术指标。水泥细度对水泥强度有较大的影响，同时也影响水泥的体积安定性、泌水性等，并影响水泥的生产产量与能耗。

2. 水泥细度检测的方法

硅酸盐水泥的细度采用比表面积测定仪检验，其比面积应大于300 m^2/kg，否则不合格。

水泥细度检测的方法有负压筛析法、水筛析法、干筛法。

【任务要求】

1)采用负压筛析法来检验水泥细度，完成水泥细度实验报告。

2)采用水筛析法来检验水泥细度，完成水泥细度实验报告。

3)采用干筛法来检验水泥细度，完成水泥细度实验报告。

实验表格见表1-4。

一、负压筛析法

【主要仪器】

水泥细度筛析仪(图1-3)、天平。

【检测步骤】

1)接通电源，检查电路系统、控制系统是否正常，调节负压至4 000～6 000 PA范围内，如工作负压达不到要求，应清理吸尘器内水泥，使负压恢复正常。

2)水泥样品应充分拌匀，通过0.9 mm方孔筛，记录筛余物情况，要防止过筛时混入其他水泥。

3)称取试样25 g，置于洁净的负压筛中，盖上筛盖，放在筛座上，开动筛析仪连续筛析2 min，在此期间如有试样附着在筛盖上，可轻轻敲击，使试样落下。

图1-3　水泥细度筛析仪

4)实验筛必须保持洁净，筛孔通畅，如筛孔被水泥堵塞影响筛余量时，可用弱酸浸泡，用毛刷轻轻刷洗，用淡水冲净、晾干。

5)试样筛完后，用天平称量筛余物，计算筛余百分数。

6)结果处理：

$$\beta=\frac{R}{M}\times 100\% \tag{1-1}$$

式中 β——水泥试样的筛余百分率(%)；

R——水泥筛余物的质量(g)；

M——水泥试样的质量(g)。

7)关闭电源。

二、水筛法检测

【主要仪器】

标准筛(图 1-4)。

【检测步骤】

1)筛析实验前，应检查水中无泥、砂，调整好水压及水筛架的位置，使其能正常运转。喷头底面和筛网之间距离为 35～75 mm。

2)称取试样 50 g，置于洁净的水筛中，立即用淡水冲洗至大部分细粉通过后，放在水筛架上，用水压为(0.05±0.02)MPa 的喷头连续冲洗 3 min。

3)筛结，用少量水把筛余物冲至蒸发皿中，等水泥颗粒全部沉淀后，小心倒出清水，烘干并用天平称量筛余物。

图 1-4 标准筛

4)结果处理：

$$\beta=\frac{R}{50}\times 100\% \tag{1-2}$$

式中 β——水泥试样的筛余百分率(%)；

R——水泥筛余物的质量(g)。

三、手工干筛法检测

在没有负压筛仪和水筛的情况下，允许用手工干筛法测定。

【检测步骤】

1)称取水泥试样 50g 倒入干筛内。

2)用一只手持筛往复摇动，另一只手轻轻拍打，拍打速度每分钟约 120 次，每 40 次向同一方向转动 60°，使试样均匀分布在筛网上，直至每分钟通过的试样量不超过 0.05 g为止。用天平称量筛余量，称准至 0.1 g。

3)结果处理：

$$\beta=\frac{R}{50}\times 100\%$$

【注意事项】

1)电源可靠、负压(水压)正常、筛孔要通畅。

2)负压筛法、水筛法或干筛法均以一次检验测定值作为鉴定结果。

3)在采用水筛法和干筛法时,如果两者结果发生争议时,以水筛法为准。

表 1-4　水泥细度实验

实验日期：____________ 气温/室温：____________ 湿度：____________

(1)负压筛析法

主要仪器：

____

水泥细度记录表

编号	试样质量(g)	筛余量(g)	筛余百分数(%)	细度平均值	结果评定
1					
2					
3					

(2)水筛法

主要仪器：

____

水泥细度记录表

编号	试样质量(g)	筛余量(g)	筛余百分数(%)	细度平均值	结果评定
1					
2					
3					

(3)手工干筛法

主要仪器：

____

水泥细度记录表

编号	试样质量(g)	筛余量(g)	筛余百分数(%)	细度平均值	结果评定
1					
2					
3					

任务二　水泥标准稠度用水量测定

【学习目标】

1)掌握水泥标准稠度的概念及标准用水量的概念。

2)学会标准稠度用水量的测定方法。

【知识要点】

1. 水泥标准稠度用水量含义

标准稠度:是按规定的方法拌制的水泥净浆,用维卡仪测定试杆沉入净浆并距底板(6±1)mm时的水泥净浆的稠度。或在水泥标准稠度测定仪上,试锥下沉(28±2)mm时的稠度。

水泥标准稠度用水量:指水泥净浆达到标准稠度时所需要的水。硅酸盐水泥的标准稠度用水量一般在21%~28%之间。

标准稠度用水量主要取决于熟料矿物组成及水泥细度。标准稠度用水量大的水泥,拌制同样稠度的混凝土用水量也较大,因此混凝土硬化时的收缩较大,强度和密实性较差。所以在其他条件相同的情况下,标准稠度用水量越小越好。

2. 检测水泥标准稠度用水量的意义

水泥标准稠度净浆对试杆(或试锥)沉入有一定的阻力。通过实验不同含水量水泥净浆的穿透性,已确定水泥标准稠度净浆中所需加入的水量。而水泥的凝结时间和安定性都和用水量有关,因此实验可消除实验条件的差异,有利于比较,同时为水泥的凝结时间和安定性实验做好准备。

【任务要求】

根据实验确定出水泥达到标准稠度的用水量。

1)调整水量法测定水泥标准稠度用水量,完成实验报告,见表1-5。

2)固定用水量法测定水泥标准稠度用水量,完成实验报告,见表1-5。

一、调整水量法测定

【主要仪器】

水泥净浆搅拌机(图1-5)、水泥标准稠度及凝结时间测定仪(图1-6)。

【检测步骤】

1)实验前必须检查仪器是否可以正常工作。

2)将搅拌锅固定在搅拌机锅座上,并升至搅拌位置,启动搅拌机,先加拌和水,然后在 5～10 s 内小心将 500 g 水泥加入水中，低速搅拌 120 s，停 15 s，同时将叶片和锅壁上的水泥浆刮入到锅中间，再高速搅拌 120 s 停机。

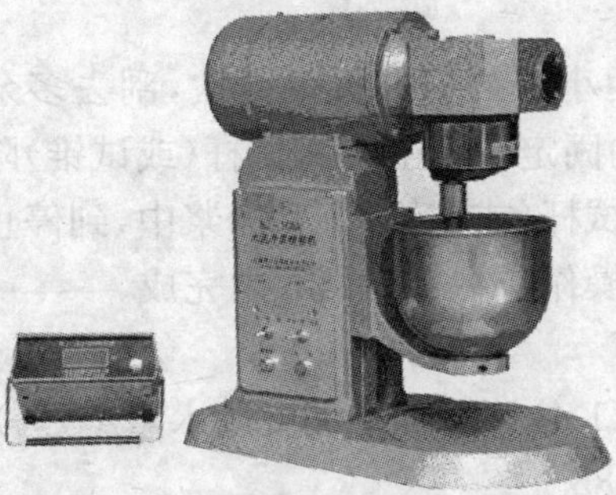

图 1-5　水泥净浆搅拌机

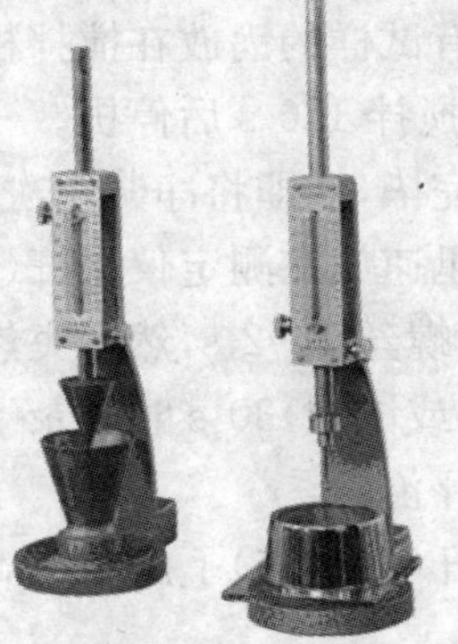

图 1-6　水泥标准稠度及凝结时间测定仪

3)拌和完毕，立即将拌好的水泥净浆装入已置于玻璃板上的试模中，用小刀插捣，轻轻振动数次，刮去多余净浆，抹平后立即将试模和底板移到水泥标准稠度测定仪(维卡仪)上，并将其中心定在试杆(或试锥)下。

4)将试杆(或试锥)降至与水泥净浆表面接触，拧紧螺钉 1～2 s 后，突然放松，使试杆(或试锥)垂直自由地沉入水泥净浆中。在试杆(或试锥)停止沉入或释放试杆 30 s 时，记录试杆(或试锥)距底板之间的距离。升起试杆(或试锥)后，立即擦净。整个操作应在搅拌后 1.5 min 内完成。

5)结果评价

试杆(或试锥)下沉深度为(28±2)mm 时的拌和用水量为水泥的标准稠度用水量 P，以水泥质量的百分数计，按式(1-3)计算：

$$P=\frac{W}{500}\times 100\% \tag{1-3}$$

式中　W——拌和用水量(mL)。

如试杆(或试锥)下沉的深度超出上述范围，须重新称取试样，调整拌和用水量，重新实验，直至达到(28±2)mm 时为止。

二、固定用水量法测定

【主要仪器】

水泥净浆搅拌机、水泥标准稠度及凝结时间测定仪。

【检测步骤】

1)实验前检查维卡仪器金属棒应能自由滑动；当试杆(或试锥)接触模顶面时，将指针应对准标尺零点；搅拌机运转正常。

2)先用湿布擦摸水泥浆拌和用具。将 142.5 mL 拌和用水倒入搅拌锅内，然后在 5～10 s 内小心将称好的 500 g 水泥试样倒入搅拌锅内。

3)将装有试样的锅放在搅拌机锅座上的搅拌位置，开动机器，慢速搅拌120 s，停拌 15 s，再快速搅拌 120 s 后停机。

4)搅拌完毕，立即将净浆一次装入锥模中，用小刀插捣并振动数次，刮去多余的净浆，抹平后，迅速放在测定仪试杆(或试锥)下面的固定位置上。将试杆(或试锥)降至净浆表面，拧紧螺丝 1～2 s，然后突然放松螺丝，让试杆(或试锥)沉入净浆中，到停止下沉或释放试杆(或试锥)30 s时记录下沉深度，整个操作应在 1.5 min 内完成。

5)结果评价：

记录试杆(或试锥)下沉深度 S(mm)。按式(1-4)计算标准稠度用水量 P(%)：

$$P=33.4-0.185S \tag{1-4}$$

当试杆(或试锥)下沉深度小于 13mm 时，不得使用固定用水量法，而应采用调整水量法测定。

【注意事项】

1)检查维卡仪仪器金属棒能够正常自由滑动仪器。

2)如调整用水量法与固定用水量法测定值有差异时，以调整水量法为准。

表 1-5　水泥标准稠度实验

实验日期：__________气温/室温：__________湿度：__________

(1)实验仪器

____

(2)实验方法

1)调整水量法：

标准稠度用水量实验记录表

水泥用量(g)	拌和用水量(mL)	试杆(或试锥)距底板高度(mm)	标准稠度用水量 P(mm)

2)不变用水量法：

标准稠度用水量实验记录表

水泥用量(g)	拌和用水量(mL)	试杆(或试锥)距底板高度(mm)	标准稠度用水量 P(mm)

(3)结论

____

____

任务三　水泥凝结时间测定

【学习目标】

1)掌握初凝、终凝时间的概念及在实际应用中的重要性。

2)学会测定初凝、终凝时间的方法。

【知识要点】

1. 水泥凝结时间的含义

水泥加水开始到失去流动性(从可塑性状态发展到固体状态)。

1)初凝时间:从水泥加水拌和起到水泥浆开始失去塑性所需的时间。

2)终凝时间:从水泥加水拌和起到水泥浆完全失去可塑性。

2. 凝结时间在施工中的重要意义

(1)国家标准规定

硅酸盐水泥的初凝时间不得早于45 min,终凝时间不得迟于390 min。初凝时间不符合规定的水泥为废品,终凝时间不符合规定的水泥为不合格品。

(2)凝结时间在施工中的重要意义

初凝时间不宜过早是为了有足够的时间对混凝土进行搅拌、运输、浇筑和振捣;终凝时间不宜过长是为了使混凝土尽快硬化产生强度,以便尽快拆去模板,提高模板周转率。

【主要仪器】

水泥净浆搅拌机、水泥标准稠度及凝结时间测定仪。

【任务要求】

检测水泥的初凝和终凝时间,完成实验报告,见表1-6。

【检测步骤】

1)实验前必须检查仪器是否可以正常工作。

2)试件的制备:以标准稠度用水量的水制成标准稠度净浆后,一次装满试模,振动数次刮平立即放入湿气养护箱内。并记录水泥全部加入水中的时间,作为凝结时间的起始时间。

3)养护到30 min时进行第一次测定。从养护箱内取出试件,调整试针使针尖与水泥净浆表面接触,拧紧螺钉待1～2 s后突然放松,试针垂直自由地沉入水泥净浆,观察试针停止下沉或释放试针30 s时,指针所指标尺上的读数。

临近初凝时,每隔5 min测定一次。到试针距离底板(4±1)mm时,此时的时间即为初凝时间。

4)终凝时间的测定:在试针上安装了一个环形附件,在初凝时间确定后,立即将试模连同浆体以平移的方式从玻璃板上取下,翻转 180 ℃,使直径大端向上,小端向下,放在玻璃板上,再放入湿气箱内继续养护。临近终凝时间时,每隔 15 min 测定一次。

当试针沉入试件 0.5 mm 时,即环形附件开始不能在试体上留下痕迹时,为水泥的终凝状态。

【注意事项】

1)到达初凝或终凝状态时,应立即重复测试一次。两次结论相同时,才能定为达到初凝或终凝状态。测定时应注意,在最初测定的操作时应轻轻扶持金属柱,使其徐徐下降,以防试针撞弯,但结果以自由下落为准。

2)在整个测试过程中试针沉入的位置至少要距试模内壁 10 mm。

3)临近初凝时,每隔 5 min 测定一次,临近终凝时每隔 15 min 测定一次,到达初凝或终凝时应立即重复测一次,当两次结论相同时才能定为到达初凝或终凝状态。

4)每次测定不能让试针落入原针孔,每次测试完毕须将试针擦净并将试模放回湿气养护箱内,整个测试过程要防止试模受振。

表 1-6　水泥凝结时间实验

实验日期:____________气温/室温:____________湿度:____________

(1)实验仪器

____

(2)实验记录

水泥凝结时间实验记录表

标准稠度用水量 P(%)	加水时刻 t_1(时:分)	初凝时刻 t_2(时:分)	初凝时间 (t_2-t_1)	终凝时刻 t_3(时:分)	终凝时间 (t_3-t_1)

(3)结论

____

____

任务四　水泥体积安定性检测

【学习目标】

1)掌握水泥体积安定性的概念、体积安定性不良产生的原因以及对水泥性能的影响。

2)学会水泥体积安定性的检测方法。

【知识要点】

1. 水泥体积安定性的定义

水泥硬化后因体积膨胀而产生均匀变形的性质。体积安定性不良的水泥应作废品处理。

2. 水泥体积安定性不良产生的原因

熟料中含游离氧化钙(*f*-CaO)、游离氧化镁(*f*-MgO)过多,掺入石膏过多。

【主要仪器】

雷氏夹(图 1-7)、雷氏夹测定仪(图 1-8)、沸煮箱(图 1-9)、水泥净浆搅拌机、玻璃板等。

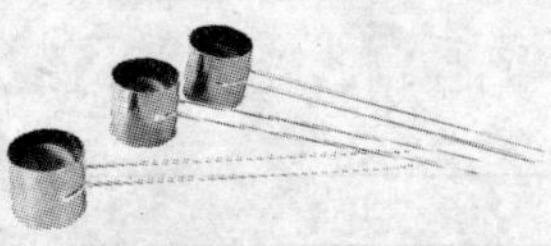

图 1-7 雷氏夹

图 1-8 雷氏夹测定仪

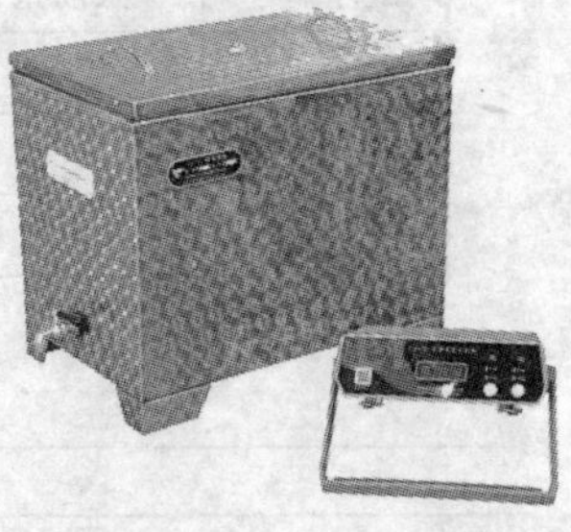

图 1-9 沸煮箱

【任务要求】

检测水泥的安定性,完成实验报告,见表 1-7。

【检测步骤】

1)雷氏夹试件的制备是将预先准备好的雷氏夹放在已稍擦油的玻璃板上,并立即将已制好的标准稠度净浆装满试模,装模时一只手轻轻扶持试模,另一只手用宽约 10 mm的小刀插捣 15 次左右,然后抹平,盖上稍涂油的玻璃板,接着立刻将试模移至养护箱内养护(24±2)h。

2)去掉玻璃板并取下试件。先测量试件指针尖端间的距离 A,精确至0.5 mm,接着将试件放入水中篦板上,指针朝上,试件之间互不交叉,然后在(30±5)min 内加热至沸,并恒沸 3 h±5 min。

3)沸煮结束,即放掉箱中热水,打开箱盖,待箱体冷却至室温时,取出试件进行判断。

4)测量指针尖端间距 C,计算沸煮后指针间距增加值 $C—A$,取两个试件的平均值为实验结果,当 $C—A$ 不大于 5.0 mm 为体积安定性合格,反之为不合格。当两个试件的 $C—A$ 相差超过 4 mm 时,应用同一水泥重做一次实验。

【注意事项】

国家标准规定:用雷氏夹法对水泥的体积安定性进行检测,雷氏夹使用前需用雷氏夹膨胀测定仪标定合格后方可使用。

表 1-7 水泥安定性实验

实验日期:__________气温/室温:__________湿度:__________

(1)实验仪器

____

(2)实验记录

水泥安定性实验记录表

试样编号	煮前指针距离(mm)	煮后指针距离(mm)	平均值	结论
1				
2				

(3)结论

____

____

任务五 水泥强度检测

【学习目标】

1)掌握水泥强度的含义和影响强度的因素。

2)学会水泥强度试件制作和强度检测方法。

【知识要点】

1. 水泥强度的含义

水泥强度是表征水泥力学性能的重要指标。《水泥胶砂强度检验方法 ISO》(GB/T 17671—1999) 规定将水泥、标准砂和水按规定比例用规定方法制成的规格为 40 mm×40 mm×160 mm 的标准试件,在标准养护条件下养护,测得其 3 d、28 d 的抗压强度和抗折强度,按照 3 d、28 d 的抗压强度和抗折强度分为:42.5、42.5R、52.5、52.5R、62.5、

62.5R 六个强度等级(ISO 法),各龄期强度要求,见表 1-8。

表 1-8 硅酸盐水泥各龄期强度要求

强度等级	抗压强度(MPa)		抗折强度(MPa)	
	3 d	28 d	3 d	28 d
42.5	17.0	42.5	3.5	6.5
42.5R	22.0	42.5	4.0	6.5
52.5	23.0	52.5	4.0	7.0
52.5R	27.0	52.5	5.0	7.0
62.5	38.0	62.5	5.0	8.0
62.5R	32.0	62.5	5.5	8.0

2. 影响强度的因素

主要有水泥的矿物组成、水泥细度、水灰比、龄期、环境温度等。

【主要仪器】

水泥抗折机(图 1-10)、水泥抗压机(图 1-11)、胶砂搅拌机(图 1-12)、水泥养护箱(图 1-13)、试模(图 1-14)、胶砂振动台(图 1-15)等。

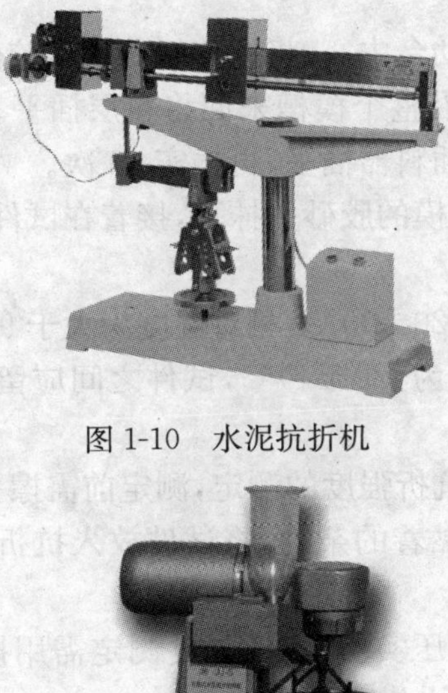

图 1-10 水泥抗折机

图 1-11 水泥抗压机

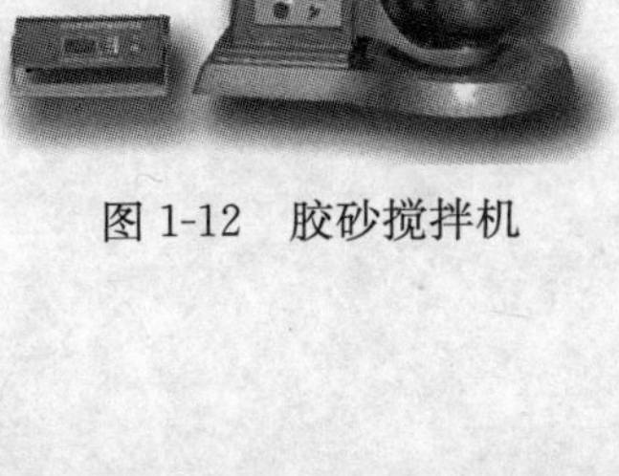

图 1-12 胶砂搅拌机

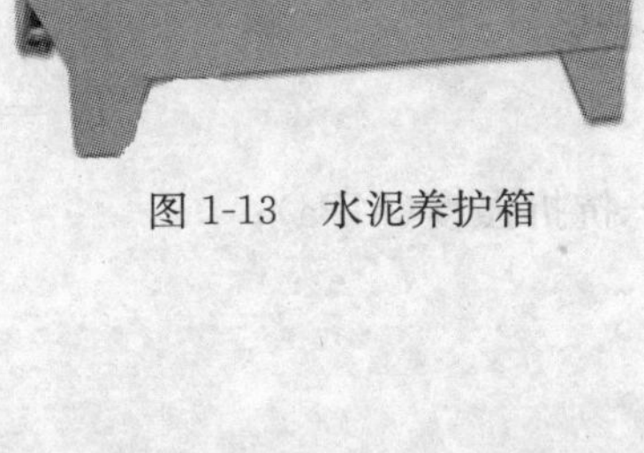

图 1-13 水泥养护箱

图 1-14　试模

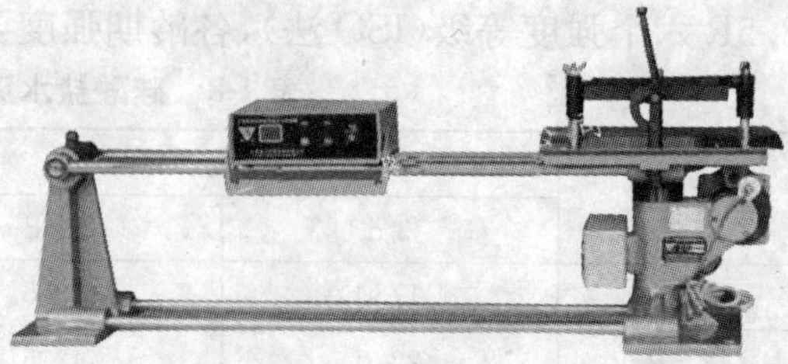

图 1-15　胶砂振动台

【任务要求】

检测水泥的强度，完成实验报告，见表 1-9。

【检测步骤】

1）将试模擦干净，并且涂上油。

2）称量水泥：(450±2)g；标准砂：(1 350±5)g；水：(225±1)g。

3）把水加入锅内，再加入水泥，把锅放在固定架上，上升至固定位置。

4）立即开动机器，低速搅拌 30 s 后，在第二个 30 s 开始的同时，均匀地将砂子加入。把机器转至高速再拌 30 s。

5）停拌 90 s 的时候前 15 s 将叶片和锅壁上的胶砂刮入锅中间。在高速下继续搅拌 60 s。

6）胶砂搅拌的同时，将试模漏斗卡紧在振动台中心，将搅拌好的一半胶砂均匀地装入下料漏斗中，用大插料器垂直架在横套顶部沿整个模槽来回将料层插平。开动振动台，振动 60 次停车。再装入第二层胶砂，用小插料器插平，再振实 60 次。

7）振动完毕，取下试模，用刮刀刮去高出试模的胶砂并抹平，接着在试件上编号，编号时应将试模中的三条试件分在两个龄期。

8）将试模放入标准养护箱内养护，温度为(20±1)℃，相对湿度为大于 90%。

9）试件脱模后，立即放入水槽中养护，水温为(20±1)℃，试件之间应留有空隙，水面至少高出试件 20 mm，养护水每两周换一次。

10）到龄期的试件，取出三个条试件，先做抗折强度的测定，测定前需擦去试件表面水分，清除夹具上水分和砂粒以及夹具上圆柱黏着的杂物，将试件放入抗折夹具内，使试件侧面与圆柱接触。

11）抗折实验后的 6 个断块，应立即进行抗压实验，抗压强度测定需用抗压夹具进行，以试件的侧面作为受压面，并使夹具对准压力机压板中心。

12）抗折强度计算。

$$R_{\mathrm{f}}=\frac{3FL}{2b^{3}} \tag{1-5}$$

式中　R_{f}——抗折强度(MPa)；

F——破坏荷载(N)；

L——支撑圆柱之间的中心距离(mm)；

b——正方形截面的边长(mm)。

以三块试件的算术平均值并精确至 0.1 MPa 作为抗折强度的实验结果，当三个强度值中有一个超过平均值的±10%时，应予剔除，以其余两个强度值的算术平均值作为抗折强度的测定结果，若有两个强度值超过平均值的±10%时，应予剔除。

13)抗压强度计算。

$$R_c=\frac{F_c}{A} \tag{1-6}$$

式中 R_c——抗压强度(MPa)；

F_c——破坏荷载(N)；

A——受压面积(mm^2)。

抗压强度以 6 个试件抗压强度值的算术平均值确定，若 6 个强度值中有一个超出平均值的±10%时者，则剔除此值，以其余 5 个强度值算术平均值作为结果。如果 5 个测定值中再有超过它们平均值的±10%时，则实验作废。如不足 6 个时，取平均值。

【注意事项】

养护环境和养护时间的保证。

表 1-9 水泥强度实验

实验日期：________ 气温/室温：________ 湿度：________

(1)实验仪器：

____

(2)实验记录：

水泥胶砂强度实验记录表

受力种类	编号	3 d			28 d		
		荷载(N)	强度(MPa)	平均强度(MPa)	荷载(N)	强度(MPa)	平均强度(MPa)
抗折	1						
	2						
	3						

受力种类	编号	3 d			28 d		
		荷载(N)	强度(MPa)	平均强度(MPa)	荷载(N)	强度(MPa)	平均强度(MPa)
抗压	1						
	2						

续表 1-9 水泥强度实验

受力种类	编号	3 d			28 d		
		荷载(N)	强度(MPa)	平均强度(MPa)	荷载(N)	强度(MPa)	平均强度(MPa)
抗压	3						
	4						
	5						
	6						

(3)结论：

根据国家标准，该水泥强度等级为：________________

练习题

1. 石灰的硬化过程（　　）进行。

A. 在空气中　　B. 在水中

C. 在潮湿环境中　　D. 既在空气中又在水中

2. 露天施工的混凝土工程，当处于低温条件下＜5 ℃时，不宜选用（　　）水泥。

A. 硅酸盐　　B. 粉煤灰　　C. 普通　　D. 矿渣

3. 在水泥中掺入石膏是为了（　　）。

A. 提高水泥产量　　B. 延缓水泥凝结时间

C. 提高强度　　D. 防止水泥石发生腐蚀

4. 在硅酸盐水泥熟料中四种矿物中，（　　）水化反应速度最快。

A. C_2S　　B. C_3S　　C. C_3A　　D. C_4AF

5. 在硅酸盐水泥中（　　）不符合要求为废品。

A. 碱含量　　B. 体积安定性

C. 细度　　D. 终凝时间

6. 石灰的特性有：可塑性____、硬化速度____、硬化时体积____和耐水性____等。

7. 为了消除____石灰的危害，应提前洗灰，使灰浆在灰坑中____两周以上。

8. 硅酸盐水泥的侵蚀的原因有哪些？防止腐蚀的措施有哪些？

9. 何谓水泥的体积安定性？水泥的体积安定性不良的原因是什么？安定性不良的水泥应如何处理？

10. 国家标准《水泥胶砂强度检验方法（ISO）》（GB/T 17671－1999）规定，采用什么方法测定水泥强度等级？

练习题答案

1. A
2. B
3. B
4. D
5. B
6. 好　慢　收缩大　差
7. 过火　陈伏
8. 软水腐蚀、盐类腐蚀、酸类腐蚀、强碱腐蚀。
   腐蚀的防止：根据侵蚀环境特点，合理选用水泥品种；提高水泥石的密实度；表面加保护层。
9. 水泥浆体硬化后体积变化的均匀性称为水泥的体积安定性。即水泥硬化浆体能保持一定形状，不开裂，不变形，不溃散的性质。
   导致水泥安定性不良的主要原因是：
   (1)由于熟料中含有的游离氧化钙、游离氧化镁过多；
   (2)掺入石膏过多。
   体积安定性不良的水泥，会发生膨胀性裂纹使水泥制品或混凝土开裂、造成结构破坏。因此体积安定性不良的水泥，应判为废品，不得在工程中使用。
10. 水泥的强度是按照《水泥胶砂强度检验方法(ISO)法》(GB/T 17961－1999)的标准方法制作的水泥胶砂试件，在(20±1)℃温度的水中，养护到规定龄期时检测的强度值。其中标准试件尺寸为 4 cm×4 cm×16 cm，胶砂中水泥与标准砂之比为 1∶3 ($W/C=0.5$)，标准试验龄期分别为 3 d 和 28 d，分别检验其抗压强度和抗折强度。

第 2 章

普通混凝土性能的检测

学习目标

1)掌握普通混凝土各组成材料的主要技术性质及质量要求。

2)学会对混凝土拌和物及混凝土强度等性能的检测。

相关理论知识

知识点一　混凝土概述

1. 混凝土的定义

以胶凝材料、粗骨料、细骨料、水及其他外掺材料按适当比例拌制、成型、养护硬化而成的人工石材。

2. 混凝土的分类

1)按胶凝材料不同分
- 水泥混凝土
- 沥青混凝土
- 水玻璃混凝土
- 聚合物混凝土

2)按表观密度不同分
- 特重混凝土(ρ_0>2 500 kg/m^3)
- 重混凝土(ρ_0=1 900～2 500 kg/m^3)
- 轻混凝土(ρ_0=600～1 900 kg/m^3)
- 特轻混凝土(ρ_0<600 kg/m^3)

3)按施工方法不同分
- 现浇混凝土
- 预制混凝土
- 泵送混凝土
- 喷射混凝土

4)按性能特点不同分：抗渗混凝土、预制混凝土、耐热混凝土、高强混凝土、高性能混凝土

3. 混凝土的特点

(1)优点

1)原材料丰富，造价低廉。

2)混凝土拌和物具有良好的可塑性和浇筑性，易加工成型。

3)可调整性强，可根据使用性能的要求与设计来配制相应的混凝土。

4)抗压强度高。

5)匹配性好，与钢筋及钢纤维等有牢固的黏结力。

6)耐久性良好。

7)耐火性好，维修费少。

8)生产能耗低。

(2)缺点

1)自重大，比强度小。

2)抗拉强度低。

3)变形能力差，易开裂。

4)导热系数大，保温隔热性能较差。

5)硬化较慢，生产周期长。

4. 混凝土应用的基本要求

混凝土要满足强度、工作性、耐久性和经济性的要求。

1)要满足结构安全和施工不同阶段所需要的强度要求。

2)要满足混凝土搅拌、浇筑、成型过程所需要的工作性要求。

3)要满足设计和使用环境所需要的耐久性要求。

4)要满足节约水泥，降低成本的经济性要求。

5. 混凝土的发展趋向

(1)高性能混凝土(HPC)

1)要求有高强度等级($f_{cu}\geqslant 60$ MPa)和良好的工作性、体积稳定性和耐久性。

2)发展途径：

①采用高性能的原料以及与之相适应的工艺。

②采用多元复合途径提高混凝土的综合性能。如掺入高效减水剂、缓凝剂、引气剂、硅灰、优质粉煤灰、稻壳灰及沸石粉等。

(2)绿色高性能混凝土(GHPC)

从节约能源、资源,减少工业废料排放和保护自然环境角度考虑,要求混凝土及其原材料的开发、生产、建筑施工作业等既能满足建设需要,又不危及后代人的延续生存环境。

(3)其他新技术混凝土

灭菌、环境调节、变色、智能混凝土等。

知识点二　普通混凝土的组成材料

在混凝土中,砂、石起骨架作用,称为骨料;水泥与水形成水泥浆,水泥浆包裹在骨料表面并填充其空隙。在硬化前,水泥浆起润滑作用,赋予拌和物一定的和易性,便于施工。水泥浆硬化后,则将骨料胶结为一个坚实的整体(图2-1)。

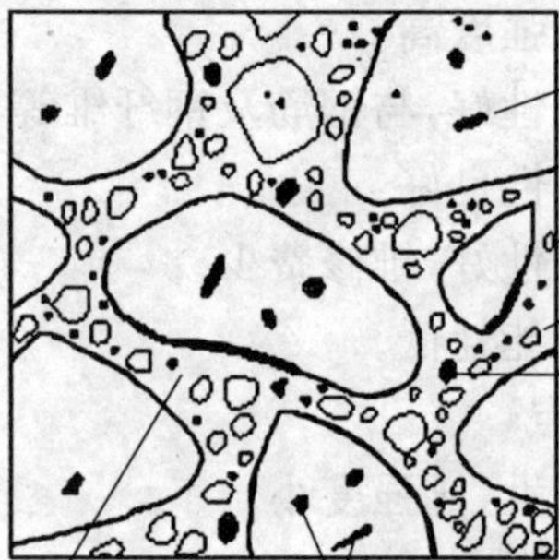

图 2-1　混凝土的组成材料

1. 水泥

水泥是混凝土中最重要的组成材料。水泥品种的选择,应当根据混凝土工程的性质与特点,工程的环境条件及施工条件,结合各种水泥特性进行合理的选择。水泥强度等级的选择应当与混凝土的设计强度等级相适应。经验证明,配制 C30 以下的混凝土,水泥强度等级为混凝土强度等级的 1.1～1.8 倍,配制 C40 以上的混凝土,水泥强度等级为混凝土强度等级的 1.0～1.5 倍,同时宜掺入高效减水剂。

(注:以上所选用的水泥必须满足第一章讲述的有关水泥的要求)

2. 细骨料(砂)

1)由自然风化、水流搬运和分选、堆积形成的、粒径小于 4.75 mm 的岩石颗粒(砂)称为细骨料。

①河砂:洁净、质地坚硬,为配制混凝土的理想材料。

②海砂:质地坚硬,但夹有贝壳碎片及可溶性盐类。

③山砂:含有黏土及有机杂质,坚固性差。

④人工砂:富有棱角,比较洁净,但细粉、片状颗较多,成本高。

2)混凝土用砂的质量技术要求分述如下。

①砂的粗细程度与颗粒级配(详见本章任务一)。

②砂中有害杂质的含量。为保证混凝土的质量,砂中有害杂质的含量,应符合国家技术规范的规定,见表 2-1。

表 2-1　砂中有害杂质含量的规定(GB/T 14684—2001)

项　目		品质要求(按质量计)(%)		
		Ⅰ类	Ⅱ类	Ⅲ类
含泥量	<	1.0	3.0	5.0
泥块含量	<	0	1.0	2.0
云母含量	<	1.0	2.0	2.0
轻物质	<	1.0	1.0	1.0
有机物含量		合格	合格	合格
硫化物、硫酸盐(SO_3)	<	0.5	0.5	0.5
氯化物	<	0.01	0.02	0.06

砂中不应含有活性氧化硅，因为砂中含有的活性氧化硅，能与水泥中的碱份(K_2O 及 Na_2O)起作用，产生碱骨料反应，使混凝土发生膨胀开裂。

3. 粗骨料(石)

1)粒径大于 4.75 mm 的骨料为粗骨料(卵石和碎石)。卵石(砾石)包括河卵石、海卵石和山卵石等，其中河卵石应用较多。碎石大多由天然岩石经破碎筛分而成。碎石和卵石按技术要求分为Ⅰ类、Ⅱ类、Ⅲ类三种类别。Ⅰ类宜用于强度等级大于 C60 的混凝土；Ⅱ类宜用于强度等级为 C30～C60 及抗冻、抗渗或其他要求的混凝土；Ⅲ类宜用于强度等级小于 C30 的混凝土。

粗骨料比较理想的颗粒形状为三维长度相等或相近的立方体或球形颗粒，而三维长度相差较大的针、片状颗粒粒形较差。颗粒长度大于平均粒径 2.4 倍为针状颗粒，颗粒厚度小于平均粒径 0.4 倍的为片状颗粒。平均粒径为一个粒级的骨料其上、下限粒径的算术平均值。

骨料表面的粗糙程度及孔隙特征影响混凝土的强度。

卵石：光滑少棱角，孔隙率及总表面积小，工作性好，水泥用量少，但黏结力差，强度低。

碎石：多棱角，孔隙率及总表面积大，工作性差，水泥用量多，但黏结力强，强度高。在相同条件下，碎石混凝土比卵石混凝土的强度约高 10%左右。

2)对用于配制普通混凝土的卵石和碎石有以下技术要求：

①石子最大粒径：石子各粒级的公称上限粒径称为这种石子的最大粒径。

石子的最大粒径增大，则相同质量石子的总表面积减小，混凝土中包裹石子所需水泥浆体积减小，即混凝土用水量和水泥用量都可减少。在一定的范围内，石子最大粒径增大，可因用水量的减少提高混凝土的强度。

然而石子最大粒径过大时，则由于骨料与水泥砂浆黏结面积下降等原因造成混凝土的强度下降。同时，最大粒径的选用，要受结构上许多因素和施工条件等方面的限制。应综合考虑以下几点：

a. 从结构上考虑：建筑构件的截面尺寸及配筋疏密。钢筋混凝土：粗骨料最大粒径 <1/4 结构截面最小尺寸，且<3/4 钢筋间最小净距；混凝土实心板：粗骨料最大粒径不宜超过 1/2 板厚且不超过 50 mm。

b. 从施工方面考虑：根据搅拌、运输、振捣方式，选择合适的粒径。对泵送混凝土，碎石最大粒径与输送管内径之比，宜小于或等于 1∶3，卵石宜小于或等于 1∶2.5。

c. 从经济上考虑：粒径越大，水泥用量越小。当最大粒径小于 80 mm 时，节约效果显著，粒径再大，节约效果不明显。故一般取粒径小于 80 mm。

颗粒级配：粗骨料的级配原理和要求与细骨料基本相同(图 2-2)。

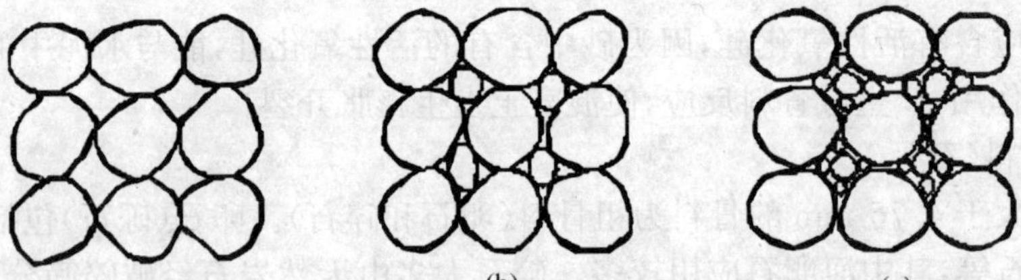

图 2-2　骨料的颗粒级配

②粗骨料的强度：粗骨料的强度采用岩石立方体强度或粒状石子的压碎指标来表示。岩石立方强度试验，是用母岩制成 5 cm×5 cm×5 cm 立方体，或直径与高度均为 5 cm 的圆柱体试样，水中浸泡 48 h，待吸水饱和后进行抗压试验。石子抗压强度与设计要求的混凝土强度等级之比，不应低于 1.5。

压碎指标：是将一定质量气干状态下 10～20 mm 的石子装入一定规格的金属圆桶内，在试验机上施加荷载到 200 kN，卸荷后称取试样质量(m_0)，再用孔径为 2.36 mm 的筛子筛除被压碎的细粒，称取试样的筛余量(m_1)，用式(2-1)计算压碎指标：

$$\delta_a = \frac{m_0 - m_1}{m_0} \tag{2-1}$$

式中　δ_a——压碎指标值(%)；

m_0——试样质量(g)；

m_1——压碎试验后试样的筛余量(g)。

压碎指标值越小，骨料的强度越高。

骨料的坚固性：是指在气候、外力和其他物理力学因素作用(如冻融循环作用)下骨料抗碎裂的能力。坚固性试验是用硫酸钠溶液法检验，试样经五次干湿循环后，其质量损失应不超过规范的规定。

③粗骨料中的有害杂质主要有：黏土、淤泥及细屑；硫酸盐及硫化物；有机物质；蛋白石及其他含有活性氧化硅的岩石颗粒等。它们的危害作用与在细骨料中相同。各种有害杂质的含量都不应超出规范的规定。

粗骨料中的针状(颗粒长轴长度大于平均粒径的 2～4 倍)和片状(厚度小于平均粒径的 0.4 倍)颗粒，不仅影响混凝土的和易性，而且会使混凝土的强度降低。骨料中针状颗粒含量，应符合规范中的规定。

4. 拌和用水

混凝土拌和用水按水源可分为饮用水、地表水、地下水、海水。拌和用水所含物质对混凝土、钢筋混凝土和预应力混凝土不应产生以下有害作用：

1)影响混凝土的工作性及凝结；有碍于混凝土强度发展；降低混凝土的耐久性，加快钢筋腐蚀及导致预应力钢筋脆断；污染混凝土表面。

2)根据以上要求，符合国家标准的生活用水可直接拌制各种混凝土。海水只可用于拌制素混凝土。

5. 外加剂

参见“知识点三　混凝土外加剂”的相关内容。

知识点三　混凝土外加剂

1. 混凝土外加剂的定义

在拌制混凝土过程中掺入的，用以改善混凝土性能的物质。一般情况掺量不超过水泥质量的 5%。

混凝土中掺入外加剂，是行之有效的改善混凝土性能的措施。随着科学技术的不断进步，外加剂已越来越多地得到发展和使用。因此，外加剂已成为混凝土中除由四种基本材料以外的第五种组分。

2. 混凝土外加剂的分类

按功能分为四类：

1)改善混凝土拌和物流变性能的外加剂。如各种减水剂、泵送剂、保水剂等。

2)调节混凝土凝结时间，硬化性能的外加剂。如缓凝剂、早强剂、速凝剂等。

3)改善混凝土耐久性能的外加剂。如引气剂、防水剂和阻锈剂。

4)改善混凝土其他性能的外加剂。如引气剂、膨胀剂、防冻剂、着色剂、防水剂、碱骨料反应抑制剂、隔离剂、养护剂等。

3. 常用混凝土外加剂

(1)减水剂

减水剂是指在混凝土坍落度基本相同的条件下，能减少拌和用水量的外加剂。

减水剂的常用品种：
- 木质素系减水剂
- 萘系减水剂
- 树脂类减水剂
- 糖蜜类减水剂

1)减水剂的作用机理。减水剂多属于表面活性剂,它的分子结构是由亲水基团和憎水基团组成,当两种物质接触时(如水-水泥,水-油,水-气),表面活性剂的亲水基团指向水,憎水基团朝向水泥颗粒(油或气)。减水剂能提高混凝土拌和物和易性及混凝土强度的原因,是其表面活性物质间的吸附—分散作用,及其润滑、湿润作用。

水泥加水拌和后,由于水泥颗粒间分子引力的作用,产生许多絮状物而形成絮凝结构,使10%～30%的拌和水(游离水)被包裹在其中,从而降低了混凝土拌和物的流动性。当加入适量减水剂后,减水剂分子定向吸附于水泥颗粒表面,亲水基端指向水溶液。由于亲水基团的电离作用,使水泥颗粒表面带上电性相同的电荷,产生静电斥力,致使水泥颗粒相互分散,导致絮凝结构解体,释放出游离水,从而有效地增大了混凝土拌和物的流动性。

2)掺减水剂的混凝土与未掺减水剂基准混凝土相比,具有如下效果:

①在保证混凝土混合物和易性和水泥用量不变的条件下,可减少用水量,降低水灰比,从而提高混凝土的强度和耐久性。

②在保持混凝土强度(水灰比不变)和坍落度不变的条件下,可节约水泥用量。

③在保持水灰比与水泥用量不变的条件下,可大大提高混凝土拌和物的流动性,从而方便施工。

(2)早强剂

能加速混凝土早期强度发展的外加剂,称为早强剂。早强剂分为以下几种。

1)氯盐类早强剂。

2)硫酸盐类(硫酸钠、硫酸钙、硫代硫酸钠)早强剂。

3)有机胺类(三乙醇胺,三乙丙醇胺)早强剂。

(3)引气剂与引气减水

引气剂是指在混凝土搅拌过程中能引入大量均匀分布、稳定而封闭的微小气泡的外加剂。

引气剂也是表面活性剂,其憎水基团朝向气泡,亲水基团吸附一层水膜,由于引气剂离子对液膜的保护作用,使气泡不易破裂。引入的这些微小气泡(直径为20～1 000 μm)在拌和物中均匀分布,可明显改善混合料的和易性,提高混凝土的耐久性(抗冻性和抗渗性),使混凝土的强度和弹性模量有所降低。

(4)缓凝剂及缓凝减水剂

由于缓凝剂在水泥及其水化物表面上的吸附作用,或与水泥反应生成不溶层而达到缓凝的效果。缓凝剂同时还具有减水、增强、降低水化热等功能。

常用的缓凝剂及缓凝减水剂有糖类、羟基羧酸及其盐类，如柠檬酸，酒石酸钾钠等。

(5)防冻剂

防冻剂是指能降低水泥混凝土拌和物液相冰点，使混凝土在相应负温下免受冻害，并在规定养护条件下达到预期性能的外加剂。常用的外加剂有：氯盐类；氯盐与阻锈剂类(亚硝酸钠)；无氯盐类等。

知识点四　混凝土的变形性能

引起混凝土变形的因素很多，归纳起来有两类：非荷载作用下的变形和荷载作用下的变形。

1. 混凝土在非荷载作用下的变形

(1)化学收缩

混凝土在硬化过程中，由于水泥水化产物的体积小于反应物(水和水泥)的体积，引起混凝土产生收缩，称为化学收缩。其收缩量是随着混凝土龄期的延长而增加，大致与时间的对数成正比，一般在混凝土成型后 40 d 内收缩量增加较快，以后逐渐趋向稳定。化学收缩是不可恢复的，可使混凝土内部产生微细裂缝。

(2)塑性收缩

混凝土成型后尚未凝结硬化时属塑性阶段，在此阶段往往由于表面失水而产生收缩称为塑性收缩。新拌混凝土若表面失水速率超过内部水向表面迁移的速率时，会造成毛细管内部产生负压，因而使浆体中固体粒子间产生一定引力，便导致了收缩，如果引力不均匀作用于混凝土表面，则表面将产生裂纹。

预防塑性收缩开裂的方法是降低混凝土表面失水速率，采取防风、降温等措施。最有效的方法是凝结硬化前保持混凝土表面的湿润，如在表面覆盖塑料膜、喷洒养护剂等。

(3)干湿变形

混凝土的干湿变形主要取决于周围环境湿度的变化，表现为干缩湿胀。混凝土在干燥空气中存放时，其内部吸附水分蒸发而引起凝胶体失水产生紧缩，以及毛细管内游离水分蒸发和负压增大，也使混凝土产生收缩。如干缩后的混凝土再次吸水变湿后，一部分干缩变形是可以恢复的。

混凝土在水中硬化时，体积不变，甚至有轻微膨胀。这是由于凝胶体中胶体粒子的吸附水膜增厚，胶体粒子间距离增大所致。

混凝土的湿胀变形量很小，一般无破坏作用力。但干缩变形对混凝土危害较大，干缩可能使混凝土表面出现拉应力而导致开裂，严重影响混凝土的耐久性。

影响混凝土干缩的因素有：水泥品种和细度、水泥用量和用水量等。火山灰质硅酸盐水泥比普通硅酸盐水泥干缩大；水泥越细，收缩也越大；水泥用量多，水灰比大，收缩也大；混凝土中砂石用量多，收缩小；砂石越干净，捣固越好，收缩也越小。

(4)温度变形

混凝土与其他材料一样，也具有热胀冷缩的性质，混凝土热胀冷缩的变形，称为温度变形。混凝土温度膨胀系数约为 1×10^{-5}，即温度升高 1 ℃，每米膨胀 0.01 mm。

温度变形对大体积混凝土极为不利。混凝土在硬化初期，水泥水化放出较多的热量，而混凝土是热的不良导体，散热很慢，使混凝土内部温度升高，但外部混凝土温度则随气温下降，致使内外温差达 50 ℃～70 ℃，造成内部膨胀及外部收缩，使外部混凝土产生很大的拉应力，严重时使混凝土产生裂缝。

因此，对大体积混凝土工程，应设法降低混凝土的发热量，如采用低热水泥，减少水泥用量，采用人工降温措施以及对表层混凝土加强保温保湿等，以减小内外温差，防止裂缝的产生和发展。

对纵向长度较大的混凝土及钢筋混凝土结构，应考虑混凝土温度变形所产生的危害，每隔一段长度应设置温度伸缩缝，以及在结构内配置温度钢筋。

2. 混凝土在荷载作用下的受压变形与破坏特征

硬化后的混凝土在未施加荷载前，由于水泥水化造成的化学收缩和物理收缩引起的砂浆体积的变化，在粗骨料与砂浆界面上产生了拉应力，同时混凝土成型后的泌水聚积于粗骨料的下缘，混凝土硬化后形成为界面裂缝。混凝土受外力作用时，其内部产生了拉应力，这种拉应力很容易在具有几何形状为楔形的微裂缝顶部形成应力集中，随着拉应力的逐渐增大，导致微裂缝的进一步延伸、汇合、扩大，形成可见的裂缝，致使混凝土结构丧失连续性而遭到完全破坏。

当用混凝土立方体试件进行单轴静力受压试验时，混凝土的荷载变形曲线(图 2-3)通过显微观察所查明的混凝土破坏过程各阶段的裂缝状态，见图 2-4。

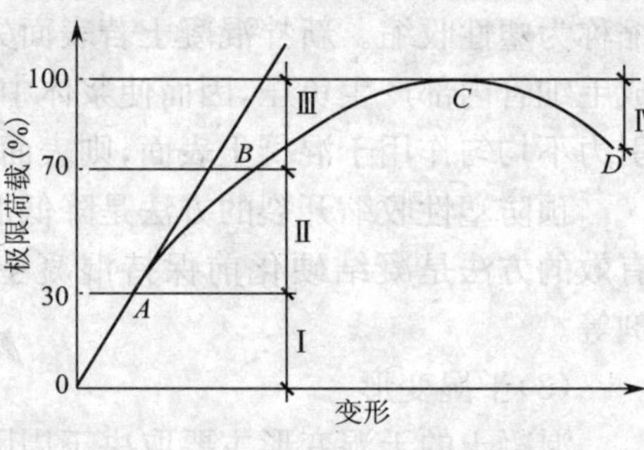

图 2-3 混凝土的荷载变形曲线

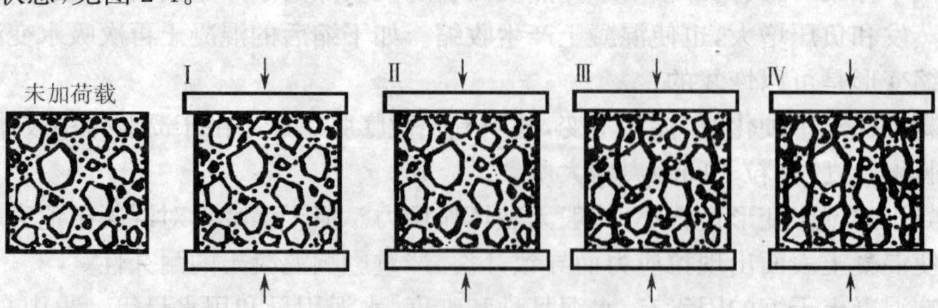

图 2-4 混凝土破坏过程各阶段的裂缝状态

由此可见，荷载与变形的关系，是内部微裂缝发展规律的体现。混凝土在外力作用下的变形和破坏过程，也就是内部裂缝的发生和发展过程，它是一个从量变发展到质变的过程。

知识点五　混凝土的耐久性

混凝土抵抗环境介质作用并长期保持其良好的使用性能的能力称为混凝土的耐久性。提高混凝土耐久性，对于延长结构寿命，减少修复工作量，提高经济效益具有重要的意义。

1. 抗渗性

混凝土的抗渗性是指混凝土抵抗压力水渗透的能力。

混凝土渗水的原因，是其内部孔隙形成连通的渗水孔道。这些孔道主要来源于水泥浆中多余水分蒸发而留下的气孔、水泥浆泌水所产生的毛细管孔道、内部的微裂缝以及施工振捣不密实产生的蜂窝、孔洞，这些都会导致混凝土渗漏水。

混凝土的抗渗性以抗渗等级来表示。抗渗等级是以 28 d 龄期的标准抗渗试件，按规定方法试验，以不渗水时所能承受的最大水压力来表示，划分为 P4、P6、P8、P10、P12 五个等级，它们分别表示能抵抗 0.4 MPa、0.6 MPa、0.8 MPa、1.0 MPa、1.2 MPa 的水压力而不渗透。

混凝土的抗渗性与水灰比有密切关系，还与水泥品种、骨料级配、施工质量、养护条件以及是否掺外加剂、掺和料有关。

2. 抗冻性

混凝土的抗冻性是指混凝土在饱和水状态下，能经受多次冻融循环作用而不破坏，同时也不严重降低强度的性能。

混凝土抗冻性一般以抗冻等级表示。抗冻等级是采用龄期 28 d 的试块在吸水饱和后，承受反复冻融循环，以抗压强度下降不超过 25%，而且质量损失不超过 5%时所能承受的最大冻融循环次数来确定的。国家标准将混凝土划分为以下抗冻等级：F50、F100、F150、F200、F250、F300、F350、F400 等 8 个等级，分别表示混凝土能够承受反复冻融循环次数为 50 次、100 次、150 次、200 次、250 次、300 次、350 次、400 次。

混凝土受冻融作用破坏的原因，是混凝土内部的孔隙水在负温下结冰后体积膨胀造成的静水压力，因冷冻水蒸气压的差别推动未冻水向冻结区的迁移造成的渗透压力，当这两种压力所产生的内应力超过混凝土抗拉强度时，混凝土就会产生裂缝，多次冻融使裂缝不断影响混凝土抗冻性的因素有：

1）混凝土强度愈高，抵抗冻融破坏的能力越强，抗冻性越好。

2）混凝土密实度、孔隙构造及数量。密实度越小，开口孔隙越多，水分越易渗入，静水压力越大，抗冻性越差。

3）混凝土孔隙充水程度。饱水程度越高，冻结后产生的冻胀作用就大，抗冻性越差。

4)水灰比与孔隙率成正比,水灰比越大,且开口孔隙率大,抗冻性越差。

5)在混凝土中掺入引气剂,可在水泥石中形成无数细小、均匀的气泡,使之成为压力水进出的“水库”,使静水压力和渗透压力得以释放,对冰冻破坏起到很好的缓冲作用。适宜的引气量以4%~6%为宜。

3. 抗侵蚀性

抗侵蚀性是指混凝土在含有侵蚀性介质环境中遭受到化学侵蚀、物理作用不破坏的能力。混凝土的抗侵蚀性主要取决于水泥的品种、混凝土密实度与孔隙特征等。

混凝土的碳化作用是指空气中的二氧化碳与水泥石中的氢氧化钙作用,生成碳酸钙和水。碳化又叫中性化。

碳化对混凝土性能有明显的影响,首先是减弱对钢筋的保护作用。由于水泥水化过程中生成大量氢氧化钙,使混凝土孔隙中充满饱和的氢氧化钙溶液,其pH值可达到12.6~13.0。这种强碱性环境能使混凝土中的钢筋表面生成一层钝化薄膜,从而保护钢筋免于锈蚀。碳化作用降低了混凝土的碱度,当pH值低于10时,钢筋表面钝化膜破坏,导致钢筋锈蚀。

其次,当碳化深度超过钢筋的保护层时,钢筋不但易发生锈蚀,还会因此引起体积膨胀,使混凝土保护层开裂或剥落,进而又加速混凝土进一步碳化。碳化作用还会引起混凝土的收缩,使混凝土表面碳化层产生拉应力,可能产生微细裂缝,从而降低了混凝土的抗折强度。

影响混凝土碳化速度的主要因素有:

1)水泥品种。掺混合材的水泥,因其氢氧化钙含量较少,碳化比普通水泥快。

2)水灰比。水灰比大的混凝土,因孔隙较多,二氧化碳易于进入,碳化也快。

3)环境湿度。在相对湿度为50%~75%的环境时,碳化最快。相对湿度小于25%或达到100%时,碳化停止。因为碳化需要水分,但不能堵塞二氧化碳的通道。此外,空气中二氧化碳浓度越高,碳化速度也越快。

4)硬化条件。空气中或蒸气中养护的混凝土,比在潮湿环境或水中养护的混凝土碳化快。因为前者促使水泥石形成多孔结构或产生微裂缝,后者水化程度高,混凝土较密实。

混凝土的碳化深度大体上与碳化时间的平方成正比。为防止钢筋锈蚀,必须设置足够的钢筋保护层。

任务一　砂的筛分析实验

【学习目标】

1)掌握砂的粗细程度和颗粒级配的意义。

2)会用砂的筛分析实验来确定砂的粗细程度和颗粒级配。

【知识要点】

1. 砂的定义

由自然条件作用或人工加工而形成的，粒径在 4.75 mm 以下的岩石颗粒。可分为天然砂、机制砂、混合砂。

2. 砂的粗细程度与颗粒级配的意义

砂的粗细程度是指不同粒径的砂粒，混合在一起后的总体的粗细程度，通常有粗砂、中砂与细砂之分。在相同用量条件下，细砂的总表面积较大，而粗砂的总表面积较小。在混凝土中，砂子的表面需要由水泥浆包裹，砂子的总表面积越大，则需要包裹砂粒表面的水泥浆就越多。因此，一般来说，用粗砂拌制混凝土比用细砂所需的水泥浆节省。

砂的颗粒级配，即表示砂中大小颗粒的搭配情况。在混凝土中砂粒之间的空隙是由水泥浆所填充，为达到节约水泥和提高强度的目的，就应尽量减小砂粒之间的空隙。要减小砂粒间的空隙，就必须有大小不同的颗粒搭配。

因此，在拌制混凝土时，砂的颗粒级配和粗细程度应同时考虑。当砂中含有较多的粗粒径砂，并以适当的中粒径砂及少量细粒径砂填充其空隙，则可达到空隙及总表面积均较小，这样的砂比较理想，不仅水泥浆用量较少，而且还可提高混凝土的密实度与强度。

3. 砂的筛分析

用一套孔径为 9.50 mm、4.75 mm、2.36 mm、1.18 mm、0.6 mm、0.3 mm、0.15 mm的 7 个标准筛，将 500 g 干砂试样由粗到细依次过筛，然后称量余留在各筛上的砂量，并计算出各筛上的分计筛余百分率（各筛上的筛余量占砂子总量的百分率）a_1、a_2、a_3、a_4、a_5、a_6 及累计筛余百分率（各筛和比该筛粗的所有分计筛余百分率之和）A_1、A_2、A_3、A_4、A_5、A_6 计算而得，即：

$$A_i = a_1 + a_2 + \cdots + a_i \tag{2-2}$$

如：对于 2.36 mm 孔径，其分计筛余百分率为 a_2，累计筛余百分率为(a_1+a_2)。

其中 $a_1=m_1/500$，$a_2=m_2/500$，$a_3=m_3/500$，以此类推。m_1，m_2，m_3 等分别为对应各筛的筛余量。分计筛余百分率与累计筛余百分率的关系见表 2-2 。

表 2-2　分计筛余百分率与累计筛余百分率的关系

筛孔尺寸(mm)	分计筛余(%)	累计筛余(%)	筛孔尺寸(mm)	分计筛余(%)	累计筛余(%)
4.75	a_1	$A_1=a_1$	0.6	a_4	$A_4=a_1+a_2+a_3+a_4$
2.36	a_2	$A_2=a_1+a_2$	0.3	a_5	$A_5=a_1+a_2+a_3+a_4+a_5$
1.18	a_3	$A_3=a_1+a_2+a_3$	0.15	a_6	$A_6=a_1+a_2+a_3+a_4+a_5+a_6$

其中 0.6 mm 为控制粒径，它使任一砂样只能处于某一级配区内，不会同时属于两个级配区。

国家规范将细度模数为 1.6 ～ 3.7 的普通混凝土用砂，以 0.60 mm 筛孔的累计筛余量分成三个级配区，如表 2-3 所示。普通混凝土用砂的筛分曲线必须包容在三个级配曲线区域中的任一个区域以内(图 2-5)。

表 2-3　普通混凝土用砂级配区的规定

筛孔尺寸(mm)	级配区		
	Ⅰ区	Ⅱ区	Ⅲ区
	累计筛余百分率		
4.75	0～10	0～10	0～10
2.36	5～35	0～25	0～15
1.18	35～65	10～50	0～25
0.60	71～85	41～70	16～40
0.30	80～95	70～92	55～85
0.15	90～100	90～100	90～100

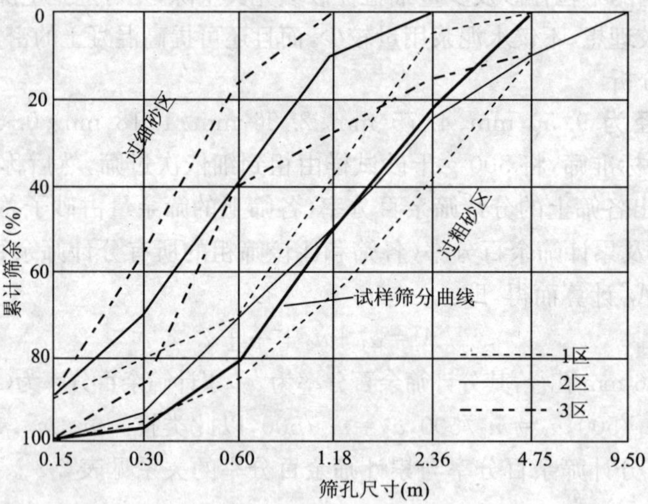

图 2-5　砂的 1、2、3 级配区

砂按技术要求分为三类：

1)Ⅰ类宜用于强度等级＞C60 的混凝土。

2)Ⅱ类宜用于强度等级在 C30～C60 的混凝土及有抗冻抗渗或其他要求的混凝土。

3)Ⅲ类宜用于强度等级＜C30 的混凝土和建筑砂浆。

【任务要求】

通过筛分析实验确定砂的细度，完成实验报告，见表 2-4。

表 2-4　砂料筛分析实验

实验日期：__________气气温/室温：__________湿度：__________

(1)实验仪器

____

(2)实验记录

试样名称______________________________

试样状态______________________________

试样重______________________________g

筛分结果

筛孔尺寸(mm)	第一次筛分				第二次筛分			
	分计筛余		累计筛余		分计筛余		累计筛余	
	质量(g)	百分率(%)	百分率(%)	符号	质量(g)	百分率(%)	百分率(%)	符号
5.00				β_1				
2.50				β_2				
1.25				β_3				
0.63				β_4				
0.315				β_5				
0.16				β_6				
筛底								
细度模数								
细度模数平均值								

砂子级配曲线

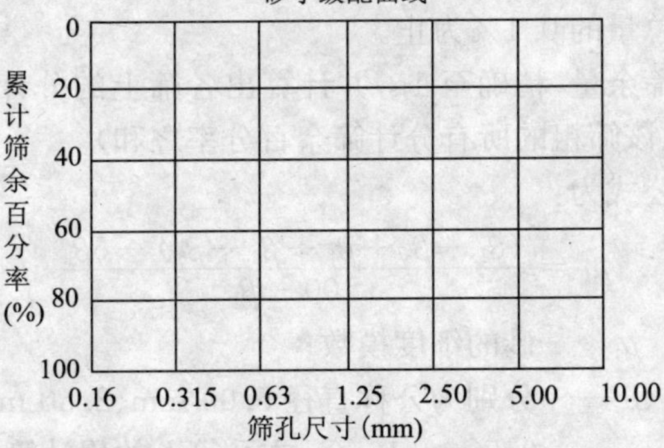

(3)结论(该砂料的级配是否符合要求？粗细程度如何?)

____

____

【主要仪器】

标准筛、天平、振筛机(图 2-6)、烘箱(图 2-7)等。

图 2-6　振筛机

图 2-7　烘箱

【检测步骤】

1)按规定取样,并将试样缩分至 1 100 g,放在烘箱中于 (105±5) ℃下烘干至恒重,等冷却至室温后,筛除大于 9.5 mm 的颗粒(并算出其筛余百分率),分为大致相等的两份备用。

2)取试样 500 g,精确至 1 g。将试样倒入按孔径大小从上到下组合的套筛上(孔径为 9.50 mm、4.75 mm、2.36 mm、1.18 mm、0.60 mm、0.30 mm、0.15 mm的标准筛),然后进行筛分。

3)将电源开关打开,摇 10 min,取下套筛,按筛孔大小顺序再依次用手筛,筛至每分钟通过量小至试样总量的 0.1%为止。

4)称出各号筛的筛余量,精确至 1g,并计算出各筛上的分计筛余百分率及累计筛余百分率(各个筛和比该筛粗的所有分计筛余百分率之和)。

细度模数的计算公式为:

$$\mu_f = \frac{(\beta_2+\beta_3+\beta_4+\beta_5+\beta_6)-5\beta_1}{100-\beta_1} \tag{2-3}$$

式中　μ_f——砂的细度模数;

β_1、β_2、β_3、β_4、β_5、β_6——分别为公称直径 5.00 mm、2.50 mm、1.25 mm、630 μm、315 μm、16 μm 方孔筛上的累计筛余。

5)结果评定:细度模数 μ_f 越大,表示砂越粗,砂的细度模数范围 一般为 3.7～0.7,其中 3.7 ～ 3.1 为粗砂,3.0～2.3 为中砂,2.2～1.6 为细砂,1.5～0.7 为特细砂。普通混凝土用砂的细度模数一般。在 2.2 ～ 3.2 之间较为适宜。

【注意事项】

筛分析实验应该采用两个试样进行实验，取两次实验的算术平均值作为测定结果，两次实验的细度模数之差大于 0.2，应重新实验。

任务二　砂子含水率实验

【学习目标】

熟悉砂子含水状态的含义，学会测定砂子的含水率，供调整混凝土施工配合比用。

【知识要点】

砂在实际使用时，一般是露天堆放的，受到环境湿度的影响，往往处于不同的含水状态。在混凝土的配合比计算中，需要考虑砂的含水状态的影响。

砂的含水状态，从干到湿可分为 4 种状态。

1. 全干状态

或称烘干状态，是砂在烘箱中烘干至恒重，达到内、外部均不含水的状态。

2. 气干状态

在砂的内部含有一定水分，而表层和表面是干燥无水的，砂在干燥的环境中自然堆放达到干燥状态，往往是达到气干状态。

3. 饱和面干状态

即砂的内部和表层均含水达到饱和状态，而表面的开口孔隙及面层处于无水状态，拌和混凝土的砂处于这种状态时，与周围水的交换最少，对配合比中水的用量影响最小。

4. 湿润状态

砂的内部不但含水饱和，其表面还被一层水膜覆裹，颗粒间被水所充盈。

一般情况下，混凝土的实验室配合比是按砂的全干状态考虑的，此时拌和混凝土的实际流动性要小一些。而在施工配合比中，又把砂的全部含水都考虑在用水量的调整中而缩减拌和水量，实际状况是仅有湿润状态的表面的水才可以冲抵拌和水量。因此也会出现实际流动性的损失。因此从理论上讲，实验室配合比中砂的理想含水状态应为饱和面干状态。在混凝土用量较大，需精确计算的市政、水利工程中常以砂的饱和面干状态为准。

【任务要求】

通过烘干实验，确定出砂的含水率，完成实验报告，见表 2-5。

表 2-5　砂的含水率试验

试样名称：＿＿＿＿＿＿＿＿＿试验日期：＿＿＿＿＿＿＿＿＿

气温/室温：＿＿＿＿＿＿＿＿＿　湿度：＿＿＿＿＿＿＿＿＿

(1)实验仪器

＿＿＿＿＿＿＿＿＿＿＿＿＿＿＿＿＿＿＿＿＿＿＿＿＿＿＿＿

(2)实验记录

砂的含水率试验记录表

试样编号	干燥浅盘的质量 m_3(g)	未烘干的湿砂样与干燥浅盘的总质量 m_2(g)	烘干后的砂样与干燥浅盘的总质量 m_1(g)	砂的含水率 W(%)	平均含水率 W(%)
1					
2					

(3)结论

＿＿＿＿＿＿＿＿＿＿＿＿＿＿＿＿＿＿＿＿＿＿＿＿＿＿＿＿

＿＿＿＿＿＿＿＿＿＿＿＿＿＿＿＿＿＿＿＿＿＿＿＿＿＿＿＿

【主要仪器】

天平、烘箱等。

【检测步骤】

1)取试样 1 000 g 左右。

2)称取约 500 g 的试样，装入已知质量的容器中，放入温度为(105±5)℃ 的烘箱当中烘干至恒重，称取试样与容器的质量。

3)实验结果计算：

$$W_{质}=\frac{m_3-m_2}{m_3-m_1}\times 100\% \tag{2-4}$$

式中　$W_{质}$——质量含水率；

m_3——容器质量(g)；

m_1——烘干后试样与容器的总质量(g)；

m_2——未烘干试样与容器的总质量(g)。

【注意事项】

试样要放到温度一定的烘箱中烘干，并且烘干时间的控制要正确。

任务三　碎石(卵石)的筛分析实验

【学习目标】

学会测定粗骨料的颗粒级配和粒级规格，为使用骨料和混凝土配合比设计提供依据。

【知识要点】

1. 粗骨料的定义

粒径大于4.75 mm的骨料为粗骨料(卵石和碎石)。

2. 石子的颗粒级配

粗骨料的级配原理和要求与细骨料基本相同。石子的颗粒级配可分为连续级配和间断级配。连续级配是石子粒级呈连续性,即颗粒由小到大,每级石子占一定比例。用连续级配的骨料配制的混凝土混合料,和易性较好,不易发生离析现象。连续级配是工程上最常用的级配。

间断级配也称单粒级级配。间断级配是人为地剔除骨料中某些粒级颗粒,从而使骨料级配不连续,大骨料空隙由小几倍的小粒径颗粒填充,以降低石子的空隙率。由间断级配制成的混凝土,可以节约水泥。由于其颗粒粒径相差较大,混凝土混合物容易产生离析现象,导致施工困难。

石子颗粒级配范围应符合规范要求。

【任务要求】

进行石子的筛分析实验,完成实验报告。见表2-6。

表2-6　石子筛分析实验

试样名称:____________试验日期:____________

气温/室温:____________ 湿度:____________

(1)实验仪器

____

(2)实验记录

石子颗粒级配记录表

筛孔尺寸(mm)								
筛余质量(kg)								
分计筛余百分率a(%)								
累计筛余百分率A(%)								

(3) 结论

结果评定:______________________________

最大粒径:______________________________

极配情况:______________________________

【主要仪器】

方孔筛（图 2-8）（2.36 mm、4.75 mm、9.5 mm、16.0 mm、19.0 mm、26.5 mm、31.5 mm、37.5 mm、53.0 mm、63.0 mm、75.0 mm和 90 mm 等 12 种孔径）、台秤、烘箱。

图 2-8 方孔筛

【检测步骤】

1）按以下规定称取试样。

最大粒径(mm)	9.5	16.0	19.0	26.5	31.5	37.5	63.0	75.0
试样质量(kg)	1.9	3.2	3.8	5.0	6.3	7.5	12.6	16.0

2）按试样的粒径选用一套筛，按孔径由大到小顺序叠置于干净、平整的地面或铁盘上，然后将试样倒入上层筛中，开动开关，摇 10 min。

3）按孔径由大到小顺序取下各筛，分别于洁净的铁盘上摇筛，直至每分钟通过量不超过试样总量的 0.1%为止，通过的颗粒并入下一筛中，顺序进行，直到各号筛全部完为止。

4）称取各筛上的筛余量，精确至 1 g，在筛上的所有分计筛余量和筛底剩余的总和与筛分前测定的试样总量相比，相差不得超过 1%。否则，重新试验。

5）结果评定。

①分计筛余百分率：各号筛上筛余量除以试样总质量的百分数。

②累计筛余百分率：该号筛上分计筛余百分率与大于该号筛的各号筛上分计筛余百分率之总和。

【注意事项】

孔径由大到小顺序取下各筛，分别于洁净的铁盘上摇筛，直至每分钟通过不超过试样总量的 0.1%为止。

任务四　普通混凝土拌和物和易性检测

【学习目标】

1）掌握混凝土拌和物的和易性定义及其与混凝土质量的关系。

2）掌握坍落度法、维勃稠度法，学会检验混凝土拌和物和易性的方法。

【知识要点】

1. 混凝土拌和物的意义

混凝土在未凝结硬化以前，称为混凝土拌和物。它必须具有良好的和易性，便于施工，以保证能获得良好的浇灌质量；混凝土拌和物凝结硬化以后，应具有足够的强度，以保证建筑物能安全地承受设计荷载；并应具有必要的耐久性。

2. 混凝土拌和物的和易性

(1)和易性的概念

和易性是指混凝土拌和物易于施工操作（拌和、运输、浇灌、捣实）并能达到质量均匀、成型密实的性能。

和易性是一项综合的技术性质，包括有流动性、黏聚性和保水性等3方面的含义。

流动性是指混凝土拌和物在本身自重或施工机械振捣的作用下，能产生流动，并均匀密实地填满模板的性能。流动性的大小取决于混凝土拌和物中用水量或水泥浆含量的多少。

黏聚性是指混凝土拌和物在施工过程中其组成材料之间有一定的黏聚力，不致产生分层和离析的性能。黏聚性的大小主要取决于细骨料的用量以及水泥浆的稠度等。

保水性是指混凝土拌和物在施工过程中，具有一定的保水能力，不致产生严重泌水的性能。保水性差的混凝土拌和物，由于水分分泌出来会形成容易透水的孔隙，从而降低混凝土的密实性。

(2)和易性测定及评价指标

目前，尚没有能够全面反映混凝土拌和物和易性的测定方法。在工地和试验室，通常是测定拌和物的流动性，并辅以直观经验评定黏聚性和保水性。

(3)和易性的选择

1)结构构件类型及截面尺寸大小。构件截面尺寸较大时，选用较小的坍落度。

2)结构构件的配筋疏密。钢筋较疏时，选用较小的坍落度。

3)输送方式及施工捣实方法。机械振捣时，选用较小的坍落度；人工振捣时，选用较大的坍落度。

根据《混凝土结构工程施工及验收规范》(GB 50204—2002)规定，混凝土浇筑的坍落度宜按表2-7选用。

表2-7　混凝土浇筑时的坍落度

项目	结构种类	坍落度(mm)
1	基础或地面等的垫层、无配筋的大体积结构（挡土墙、基础等）或配筋稀疏的结构	10～30
2	板、梁或大型及中型截面的柱子等	30～50
3	配筋密列的结构（薄壁、斗仓、筒仓、细柱等）	50～70
4	配筋特密的结构	70～90

(4)影响和易性的因素

1)水泥浆的数量。在混凝土拌和物中，水泥浆包裹骨料表面，填充骨料空隙，使骨料润滑，提高混合料的流动性；在水灰比不变的情况下，单位体积混合物内，随水泥浆的增多，混合物的流动性增大。若水泥浆过多，超过骨料表面的包裹限度，就会出现流浆现象，这既浪费水泥又降低混凝土的性能；如水泥浆过少，达不到包裹骨料表面和填充空隙的目的，使黏聚性变差，流动性低，不仅产生崩塌现象，还会使混凝土的强度和耐久性降低。混合物中水泥浆的数量以满足流动性要求为宜。

2)水泥浆的稠度。水泥浆的稀稠，取决于水灰比的大小。水灰比小，水泥浆稠，拌和物流动性就小，混凝土拌和物难以保证密实成型。若水灰比过大，又会造成混凝土拌和物的黏聚性和保水性不良，而产生流浆、离析现象。

水泥浆的数量和稠度取决于用水量和水灰比。实际上用水量是影响混凝土流动性最大的因素。当用水量一定时，水泥用量适当变化(增减 50～100 kg/m³)时，基本上不影响混凝土拌和物的流动性，即流动性基本上保持不变。由此可知，在用水量相同的情况下，采用不同的水灰比可配制出流动性相同而强度不同的混凝土。

3)砂率是指混凝土中砂的用量占砂、石总用量的百分率。

$$\beta_s=\frac{m_{s0}}{m_{s0}+m_{g0}}=\frac{\rho_{0s}\cdot V_{0s}}{\rho_{0s}\cdot V_{0s}+\rho_{0g}\cdot V_{0g}}=\frac{\rho_{0s}\cdot P}{\rho_{0s}\cdot P+\rho_{0g}} \tag{2-5}$$

式中 β_s——砂率(%)；

m_{s0}——每立方米混凝土的细骨料用量(kg)；

m_{g0}——每立方米混凝土的粗骨料用量(kg)；

ρ_{0s}、ρ_{0g}——砂、石堆积密度(kg/m³)；

V_{0s}、V_{0g}——砂、石堆积体积(m³)；

P——粗骨料的空隙率(%)。

在混合料中，砂是用来填充石子的空隙。在水泥浆一定的条件下，若砂率过大，则骨料的总表面积及空隙率增大，混凝土混合物就显得干稠，流动性小。如要保持一定的流动性，则要多加水泥浆，耗费水泥。若砂率过小，砂浆量不足，不能在粗骨料的周围形成足够的砂浆层起润滑和填充作用，也会降低混合物的流动性，同时会使黏聚性、保水性变差，使混凝土混合物显得粗涩，粗骨料离析，水泥浆流失，甚至出现溃散现象。因此，砂率既不能过大，也不能过小，应通过试验找出最佳(合理)砂率。

4)水泥品种，骨料种类，粒形和级配以及外加剂等，都对混凝土拌和物的和易性有一定影响。水泥的标准稠度用水量大，则拌和物的流动性小。骨料的颗粒较大，形状圆整，表面光滑及级配较好时，则拌和物的流动性较大。此外，在混凝土拌和物中加入外加剂时(如减水剂)，能显著地改善和易性。

混凝土拌和物的和易性还与时间，温度有关。拌和物拌制后，随时间延长，流动性减小；温度越高，水分丢失越快，坍落度损失越大。

(5)改善混凝土拌和物工作性的措施

1)在水灰比不变的前提下，适当增加水泥浆的用量。

2)通过试验，采用合理砂率。

3)改善砂、石的级配，尽可能采用连续级配。

4)调整砂、石粒的粒径。

5)根据具体情况掺加外加剂。

3. 混凝土拌和物的分类

根据坍落度的不同,可将混凝土拌和物分为:

1)大流动性混凝土(坍落度大于 160 mm)。

2)流动性混凝土(坍落度为 100～150 mm)。

3)塑性混凝土(坍落度为 50～90 mm)。

4)低塑性混凝土(坍落度为 10～40 mm)。

5)坍落度值小于 10 mm 的拌和物为干硬性混凝土。

【任务要求】

1)采用坍落度法来检验混凝土的和易性,完成实验报告,见表 2-8。

表 2-8　混凝土和易性实验(坍落度试验)

试验日期:__________ 气温/室温:__________ 湿度:__________

(1)实验仪器

____

(2)实验记录

水泥品种与强度等级____________________

混凝土设计强度等级____________________

设计坍落度________ cm 拌和方法________

成型温度________ ℃相对湿度________ %

配合比　1 :________ :________ :________

校正坍落度

材料名称	1 m^3 混凝土材料用量(kg)	15 L 混凝土材料用量(kg)	调整材料用量(kg)		调整 15L 混凝土材料用量(kg)
			第一次	第二次	
水泥					
水					
砂					
石					
总计					
坍落度(cm)					

(3)结论

坍落度平均值:____________________

黏聚性评价:____________________

保水性评价:____________________

和易性评价:____________________

2)采用维勃法来检验混凝土的和易性,完成实验报告,见表 2-9。

表 2-9 混凝土和易性实验(维勃稠度试验)

试验日期:__________ 气温/室温:__________ 湿度:__________

(1)实验仪器

____

(2)实验记录

1)水泥品种与强度等级 ______________________

2)混凝土设计强度等级 ______________________

3)粗骨料种类__________粗骨料最大粒径 __________

成型温度 __________℃相对湿度__________%

配合比 1:________:________:________,

4)坍落度:______________________

维勃稠度值:______________________

(3)结论

____

____

一、坍落度法

【主要仪器】

坍落筒、捣棒、小铲、木尺、钢尺、下料斗等。

【检测步骤】

实验过程示意图,参见图 2-9、图 2-10。

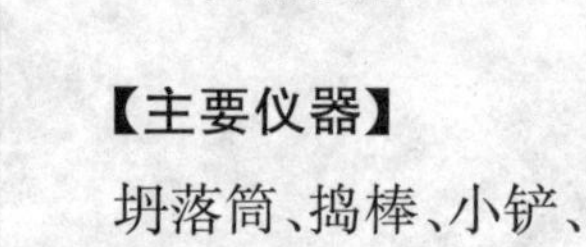

图 2-9 坍落度实验

图 2-10 坍落度实验过程示意图

1)按配合比计算 15 L 材料用量并拌制混凝土(①人工拌和:将称好的砂子、水泥倒在铁板上,用平头铁锹翻至颜色均匀,再放入称好的石子与之拌和至少三次,然后堆成锥形,将中间扒一凹坑,加入拌和用水,小心拌和,至少翻拌六次,每拌一次,应用铁锹将全部混凝土铲切一次。拌和时间从加水完毕时起算,在 10 min 内完成。②机械拌和:拌和前应将搅拌机冲洗干净,并预拌少量同种混凝土拌和物或与拌和混凝土水灰比相同的砂浆,使搅拌机内壁挂浆。向搅拌机内依次加入石子、砂和水泥,干拌均匀,再将水徐徐加入,全部加料时间不超过 2 min,水全部加入后,继续拌和 2 min。将混合料自搅拌机卸出备用。)

2)湿润坍落筒及其他用具,把筒放在铁板上,用双脚踏紧踏板。

3)用小方铲将混凝土拌和物分三层均匀地装入筒内,每层高度约为筒高的 1/3 左右。每层用捣棒沿螺旋方向在截面上由外向中心均匀插捣 25 次。插捣深度要求为:底层应穿透该层,上层应插到下层表面以下约 10～20 mm。

4)顶层插捣完毕,用刀将混凝土拌和物沿筒口抹平,并清除筒外周围的混凝土。

5)将坍落筒徐徐的提起,轻放于试样旁边。坍落筒的提高过程应在 5～10 s内完成。用钢尺量出试样顶部中心与坍落筒的高度之差即为坍落度值。

6)结果评定。

①坍落度测定:提起坍落筒后,立即测量筒高与坍落后混凝土试件最高点之间的高度差,此值即为混凝土拌和物的坍落度值(mm),并精确到 5 mm。

②将混凝土拌和物按规定方法装入标准圆锥筒中,逐层插捣并装满刮平后,垂直提起圆锥筒,混凝土拌和物由于自重将会向下坍落。量测坍落的高度(以 mm 计),即为坍落度。坍落度越大,则混凝土拌和物的流动性越大。

在做坍落度试验的同时,应观察混凝土拌和物的黏聚性、保水性及含砂率等情况,以更全面地评定混凝土拌和物的和易性。

7)坍落度的调整。

①当坍落度低于设计要求时,可在保持水灰比不变的前提下,适当增加水泥浆量,其数量可为原来计算用量的 5%～10%。

②当坍落度高于设计要求时,可在保持砂率不变的条件下,增加骨料用量。

③若出现含砂量不足,导致黏聚性、保水性不良时,可适当增大砂率,反之则减小砂率。

二、维勃稠度实验

【主要仪器】

维勃稠度仪(图 2-11)、捣棒、小铲、秒表等。

图 2-11　维勃稠度仪

【检测步骤】

该法适用于粗骨料最大粒径不超过 40 mm,维勃稠度在 5～30 s 之间的混凝土拌和物的稠度测定。

1)在维勃稠度仪上的坍落度筒中按规定方法装满拌和物,垂直提起坍落度筒。

2)在拌和物试体顶面放一透明圆盘,开启振动台,同时用秒表计时。

3)在透明圆盘的底面完全为水泥浆所布满的瞬间,停止秒表,关闭振动台。此时可认为混凝土拌和物已密实。

4)读出秒表的秒数,称为维勃稠度。

【注意事项】

1)坍落度法适用于骨料最大粒径不大于 40 mm,坍落度值不小于 10 mm 的混凝土拌和物。

2)对干硬性的混凝土拌和物通常采用维勃稠度仪测定其稠度。

3)维勃稠度值小于 5 s 和大于 30 s,则此种混凝土所具有的稠度已超出维勃稠度仪的适用范围。

任务五　普通混凝土配合比设计

【学习目标】

根据混凝土的强度等级和施工环境特点,能够准确地进行混凝土配合比设计。

【知识要点】

1. 混凝土配合比设计的定义

混凝土配合比,是指单位体积的混凝土中各组成材料的质量比例。确定这种数量比例关系的工作,称为混凝土配合比设计。

混凝土配合比设计必须达到以下四项基本要求,即:

1)满足结构设计的强度等级要求。

2)满足混凝土施工所要求的和易性。

3)满足工程所处环境对混凝土耐久性的要求。

4)符合经济原则,即节约水泥以降低混凝土成本。

2. 混凝土配合比设计基本参数确定的原则

水灰比、单位用水量和砂率是混凝土配合比设计的三个基本参数。混凝土配合比设计中确定三个参数的原则是:在满足混凝土强度和耐久性的基础上,确定混凝土的水灰比;在满足混凝土施工要求的和易性基础上,根据粗骨料的种类和规格确定单位用水量;砂率应以砂在骨料中的数量填充石子空隙后略有富余的原则来确定。混凝土配合比设计以计算 1 m^3 混凝土中各材料用量为基准，计算时骨料以干燥状态为准。

3. 普通混凝土配合比设计基本原理

(1)绝对体积法

绝对体积法的基本原理是：假定刚浇捣完毕的混凝土拌和物的体积，等于其各组成材料的绝对体积及混凝土拌和物中所含少量空气体积之和。

$$\frac{m_{c0}}{\rho_c}+\frac{m_{g0}}{\rho_g}+\frac{m_{s0}}{\rho_s}+\frac{m_{w0}}{\rho_w}+0.01\alpha=1 \tag{2-6}$$

式中　m_{c0}——每立方米混凝土的水泥用量；

m_{g0}——每立方米混凝土的粗骨料用量；

m_{s0}——每立方米混凝土的细骨料用量；

m_{w0}——每立方米混凝土的水用量；

ρ_c——水泥密度(kg/m^3)，可取 2 900～3 100 kg/m^3；

ρ_g——粗骨料的表观密度(kg/m^3)；

ρ_s——细骨料的表观密度(kg/m^3)；

ρ_w——水密度(kg/m^3)，可取 1 000 kg/m^3；

α——混凝土的含气量百分数，在不使用引气型外加剂时，α 可取为 1。

(2)质量法(假定表观密度法)

如果原材料比较稳定，可先假设混凝土的表观密度为一定值，混凝土拌和物各组成材料的单位用量之和即为其表观密度。

$$m_{c0}+m_{g0}+m_{s0}+m_{w0}=m_{cp} \tag{2-7}$$

式中　m_{c0}——每立方米混凝土的水泥用量；

m_{g0}——每立方米混凝土的粗骨料用量；

m_{s0}——每立方米混凝土的细骨料用量；

m_{w0}——每立方米混凝土的水用量；

m_{cp}——每立方米混凝土拌和物的假定质量，其值可取 2 400～2 450 kg。

4. 配合比设计的基本资料

1)混凝土的强度等级、施工管理水平。

2)对混凝土耐久性要求。

3)原材料品种及其物理力学性质。

4)混凝土的部位、结构构造情况、施工条件等。

5. 混凝土配合比设计的步骤

(1)计算确定初步配合比

1)确定配制强度($f_{cu,0}$)。

$$f_{cu,0}=f_{cu,k}+1.645\sigma \tag{2-8}$$

式中　$f_{cu,0}$——混凝土配制强度(MPa)；

$f_{cu,k}$——设计的混凝土强度标准值(MPa)；

σ——混凝土强度标准差(MPa)。

2)混凝土强度标准差(σ)。

混凝土强度标准差又称均方差，其计算式为：

$$\sigma=\sqrt{\frac{\sum_{i=1}^{n}(f_{cu,i}-\bar{f})^2}{n-1}}=\sqrt{\frac{\sum_{i=1}^{n}(f_{cu,i}^2-n\bar{f}^2)}{n-1}} \tag{2-9}$$

对于C20、C25级混凝土，σ计算值<2.5 MPa时，计算配制强度时取$\sigma \geqslant 2.5$ MPa。

对于C30级以上的混凝土，σ计算值<3.0 MPa时，计算配制强度时取$\sigma \geqslant 3.0$ MPa。

当施工单位不具有近期的同一品种混凝土的强度资料时，σ值可按表2-10取值。

表2-10　混凝土强度标准差

混凝土设计强度等级	低于C20	C20～C30	高于C35
σ(MPa)	4.0	5.0	6.0

3)计算水灰比(W/C)。

根据强度公式计算水灰比：

$$f_{cu,0}=\alpha_a f_{ce}\left(\frac{C}{W}-\alpha_b\right) \tag{2-10}$$

$$\frac{W}{C}=\frac{\alpha_a \cdot f_{ce}}{f_{cu,0}+\alpha_a \cdot \alpha_b \cdot f_{ce}} \tag{2-11}$$

式中　$f_{cu,0}$——混凝土试配强度(MPa)；

f_{ce}——水泥28 d的实测强度(MPa)；

α_a、α_b——回归系数，与骨料品种、水泥品种有关，其数值可通过试验求得。

《普通混凝土配合比设计规程》(JGJ 55—2000)提供的α_a、α_b经验值为：

采用碎石：$\alpha_a=0.46$　$\alpha_b=0.07$

采用卵石：$\alpha_a=0.48$　$\alpha_b=0.33$

4)确定用水量(m_{wo})。

先根据表2-11、表2-12确定混凝土浇筑时的坍落度。

表2-11　混凝土浇筑时的坍落度

结构种类	坍落度(mm)
基础或地面等垫层，无配筋的或配筋稀疏的大体积结构	10～30
板、梁或大型及中型截面的柱子等	30～50
配筋密列的结构(薄壁、斗仓、筒仓、细柱等)	50～70
配筋特密的结构	70～90

表 2-12　塑性混凝土的用水量　　（单位：kg/cm^3）

拌和物稠度		卵石最大粒径(mm)				碎石最大粒径(mm)			
项目	指标	10	20	31.5	40	16	20	31.5	40
坍落度(mm)	10～30	190	170	160	150	200	185	175	165
	30～50	200	180	170	160	210	195	185	175
	50～70	210	190	180	170	220	205	195	185
	70～90	215	195	185	175	230	215	205	195

注：①本表用水量系采用中砂时的平均取值，采用细砂时，每立方米混凝土用水量可增加 5～10 kg，采用粗砂则可减少 5～10 kg。

②掺用各种外加剂或掺和料时，用水量应相应调整。

5）计算水泥用量（m_{co}）。

根据已确定的 W/C 和 m_{wo}，可求出 1 m^3 混凝土中水泥用量 m_{co}：

$$m_{co}=\frac{m_{wo}}{W/C} \tag{2-12}$$

为保证混凝土的耐久性，由上式得出的水泥用量还应大于表 2-13 规定的最小水泥用量。如算得的水泥用量小于表 2-13 规定值，应取规定的最小水泥用量值。

表 2-13　混凝土的最大水灰比和最小水泥用量值

环境条件		结构物类别	最大水灰比			最小水泥用量		
			素混凝土	钢筋混凝土	预应力混凝土	素混凝土	钢筋混凝土	预应力混凝土
干燥环境		正常居住或办公用房室内部件	不做规定	0.65	0.60	200	260	300
潮湿环境	无冻害	高湿度的室内、室外部件，在非侵蚀性土的水中的部件	0.70	0.60	0.60	225	280	300
	有冻害	经受冻害的室外部件，在非侵蚀性土或水中且经受冻害的部件，高湿度且受冻害的室内部件	0.55	0.55	0.55	250	280	300
有冻害和除冰剂的潮湿环境		经受冻害和除冰剂作用的室内和室外部件	0.50	0.50	0.50	300	300	300

6）选择合理的砂率值（β_s）。

合理砂率可通过试验、计算或查表求得。试验是通过变化砂率检测拌和物坍落度，能获得最大流动度的砂率为最佳砂率。也可根据骨料种类、规格及混凝土的水灰比，参考表 2-14 选用。

表 2-14　砂率值(β_s)

水灰比 W/C	卵石最大粒径(mm)			碎石最大粒径(mm)		
	10	20	40	16	20	40
0.40	26～32	25～31	24～30	30～35	29～34	27～32
0.50	30～35	29～34	28～33	33～38	32～37	30～35
0.60	33～38	32～37	31～36	36～41	35～40	33～38
0.70	36～41	35～40	34～39	39～44	38～43	36～41

7)计算粗、细骨料用量。

①质量法(假定表观密度法)应按式(2-7)计算：

$$m_{c0}+m_{g0}+m_{s0}+m_{w0}=m_{cp}$$

②当采用体积法(绝对体积法)时，应按式(2-6)计算：

$$\frac{m_{c0}}{\rho_c}+\frac{m_{g0}}{\rho_g}+\frac{m_{s0}}{\rho_s}+\frac{m_{w0}}{\rho_w}+0.01\alpha=1$$

$$\rho_s=\frac{m_2}{m_{s0}+m_{g0}}\cdot 100\% \tag{2-13}$$

通过以上计算，得出每立方米混凝土各种材料用量，即初步配合比计算完成。

(2)试配、调整，测定和易性，确定基准配合比

1)试配的要点。

混凝土试配要满足规定，见表 2-15。

表 2-15　混凝土配合比试配要点

序号	项　目	要　点
1	设备工艺	应与生产时的条件相同
2	材料	应与实际生产所用材料相同，并使用干燥骨料
3	每盘拌和量	(1)粗骨料：最大粒径≤31.5mm 时，总量≥15 L；最大粒径＝40 mm时，总量≥25 L。 (2)机械搅拌：总量≥额定搅拌量的 1/4
4	试配项目及次序	和易性；表观密度；强度

2)和易性不符的调整(表 2-16)。

3)基准配合比的确定。

①计算调整后拌和物总量：经过调整后和易性已满足要求的拌和物的总质量($C_{拌}+S_{拌}+G_{拌}+W_{拌}$)(即水泥、砂、石、水的实际拌和用量)。

表 2-16 新拌混凝土和易性不符的调整方法

试配混凝土的实测情况	调整方法
混凝土较稀，实测坍落度大于设计要求	保持砂率不变，增加骨料，每减少 10 mm 坍落度，约增加骨料 2%～5%；或保持水灰比不变，减少水和水泥
混凝土较稠，实测坍落度小于设计要求	保持水灰比不变，增加水泥浆，每增大 10 mm 坍落度，约需增加水泥浆 5%～8%
由于砂浆过多，引起坍落度过大	降低砂率
砂浆不足以包裹石子，黏聚性、保水性不良	单独加砂，即增大砂率

②测定和易性满足设计要求的拌和物的实际表观密度 ρ_{ct}（kg/m^3）。

③计算混凝土的基准配合比

$$\begin{cases} C_{基} = \dfrac{C_{拌}}{C_{拌}+S_{拌}+G_{拌}+W_{拌}}\rho_{ct} \\ S_{基} = \dfrac{S_{拌}}{C_{拌}+S_{拌}+G_{拌}+W_{拌}}\rho_{ct} \\ G_{基} = \dfrac{G_{拌}}{C_{拌}+S_{拌}+G_{拌}+W_{拌}}\rho_{ct} \\ W_{基} = \dfrac{W_{拌}}{C_{拌}+S_{拌}+G_{拌}+W_{拌}}\rho_{ct} \end{cases} \tag{2-14}$$

基准配合比是和易性调整合格后的混凝土各材料之间的用量比例，可作为检验混凝土强度的依据。

(3)检验强度和耐久性，确定试验室配合比

基准配合比能否满足强度要求，需进行强度检验。一般采用三个不同的配合比，其中一个为基准配合比，另外两个配合比的水灰比值，应较基准配合比分别增加及减少 0.05，其用水量应该与基准配合比相同，但砂率值可做适当调整并测定表观密度。各种配合比制作两组强度试块，如有耐久性要求，应同时制作有关耐久性测试指标的试件，标准养护 28 d 进行强度测定。

在确定出初步配合比后，还应进行混凝土表观密度较正，其方法为：首先算出混凝土初步配合比的表观密度计算值（$\rho_{c,c}$），即

$$\rho_{c,c} = M_C + M_W + M_S + M_G \tag{2-15}$$

再用初步配合比进行试拌混凝土，测得其表观密度实测值（$\rho_{c,t}$），然后按下式得出校正系数 δ，即

$$\delta = \frac{\rho_{c,t}}{\rho_{c,c}} \tag{2-16}$$

当混凝土表观密度实测值与计算值之差的绝对值不超过计算值的 2%时，则上述得出的初步配合比即可确定为混凝土的实验室配合比设计值。若二者之差超过 2%

时，则须将初步配合比中每项材料用量均乘以校正系数得值，即为最终定出的混凝土正式配合比设计值，通常也称实验室配合比。

(4)混凝土施工配合比换算

混凝土实验室配合比计算用料是以干燥骨料为基准的，但实际工地使用的骨料常含有一定的水分，因此必须将实验室配合比进行换算，换算成扣除骨料中水分后工地实际施工用的配合比。其换算方法如下：

设施工配合比 1 m^3 混凝土中水泥、水、砂、石的用量分别为 M'_C、M'_W、M'_S、M'_G；并设工地砂子含水率为 $a\%$，石子含水率为 $b\%$。则施工配合比 1 m^3 混凝土中各材料用量为：

$$\begin{cases} M'_C = M_C \\ M'_S = M_S \cdot (1 + a\%) \\ M'_G = M_G \cdot (1 + b\%) \\ M'_W = M_W - M_S \cdot a\% - M_G \cdot b\% \end{cases} \tag{2-17}$$

【任务要求】

条件：某框架结构工程现浇钢筋混凝土梁，混凝土设计强度等级为 C30，施工要求混凝土坍落度为 30～50 mm，根据施工单位历史资料统计，混凝土强度标准差 σ＝5 MPa。所用原材料情况如下：水泥：42.5 级普通硅酸盐水泥，水泥密度为 ρ_c＝3.10 g/cm^3，水泥强度等级标准值的富余系数为 1.08；砂：中砂，级配合格，砂子表观密度 ρ_{os}＝2.60 g/cm^3；石：5～30 mm 碎石，级配合格，石子表观密度 ρ_{og}＝2.65 g/cm^3。

试求：

1)混凝土初步配合比。

2)若经试配混凝土的和易性和强度等均符合要求，无需作调整。又知现场砂子含水率为 3%，石子含水率为 1%，试计算混凝土施工配合比。

【设计步骤】

1. 计算混凝土初步配合比

(1)确定混凝土配制强度($f_{cu,0}$)

$$f_{cu,0} = f_{cu,k} + 1.645\sigma = 30 + 1.645 \times 5 = 38.2 (\text{MPa})$$

(2)确定水灰比(W/C)

$$f_{ce} = \gamma_c \times f_{ce,k} = 1.08 \times 42.5 = 45.9 (\text{MPa})$$

$$W/C = \frac{\alpha_a \times f_{ce}}{f_{cu,0} + \alpha_a \times \alpha_b \times f_{ce}} = \frac{0.46 \times 45.9}{38.2 + 0.46 \times 0.07 \times 45.9} = 0.53$$

(3)确定用水量(m_{w0})

查表，对于最大粒径为 30 mm 的碎石混凝土，当所需坍落度为 30～50 mm 时，

1 m^3混凝土的用水量可选用185 kg。

(4)计算水泥用量(m_{c0})

$$m_{c0}=\frac{m_{w0}}{W/C}=\frac{185}{0.53}=349(\text{kg})$$

按表,对于干燥环境的钢筋混凝土,最小水泥用量为260 kg,故可取 $m_{c0}=349\ \text{kg/m}^3$。

(5)确定砂率(β_s)

查表对于采用最大粒径为40 mm的碎石配制的混凝土,当水灰比为0.53时,其砂率值可选取32%~37%,(采用插入法选定)现取 $\beta_s=35\%$。

(6)计算砂、石用量(m_{s0}、m_{g0})

用体积法计算,将 $m_{c0}=349$ kg,$m_{w0}=185$ kg代入方程组:

$$\frac{m_{c0}}{3.1}+\frac{m_{g0}}{2.65}+\frac{m_{s0}}{2.6}+\frac{m_{w0}}{1}+10\times1=1\ 000\times\frac{m_{s0}}{m_{g0}+m_{s0}}\times100\%=35\%$$

(7)该混凝土初步配合比

1 m^3 混凝土中各材料用量为:水泥:349 kg,水 :185 kg,砂:641 kg,碎石:1 192 kg。以质量比表示即为:

$$水泥:砂:石=1:1.84:3.42$$
$$W/C=0.53$$

2. 确定施工配合比

由现场砂子含水率为3%,石子含水率为1%,则施工配合比为:

1)水泥 $m_{c施}=m_{c0}=349$ kg

2)砂子 $m_{s施}=m_{s0}\times(1+3\%)=641\times(1+3\%)=660(\text{kg})$

3)石子 $m_{g施}=m_{g0}\times(1+1\%)=1\ 192\times(1+1\%)=1\ 204(\text{kg})$

4)水 $m_{w施}=m_{w0}-m_{s0}\times3\%-m_{g0}\times1\%$

$=185-641\times3\%-1192\times1\%=154(\text{kg})$

【注意事项】

要注意初步配合比、实验室配合比和施工配合比的区别,要注意混凝土各组成材料用量计算的先后顺序。

任务六 普通混凝土立方体抗压强度的检测

【学习目标】

1)掌握混凝土抗压强度试件的制造方法。

2)学会检验混凝土强度的方法。

3)掌握提高混凝土强度的方法。

4)为确定、校核混凝土配合比，并控制混凝土施工质量提供依据。

【知识要点】

1. 混凝土的立方体抗压强度及等级

(1)混凝土的立方体抗压强度定义

混凝土的强度有抗压强度、抗拉强度、抗剪强度等多种，以抗压强度为主要性能。

按照国家标准的制作方法制成边长为 150 mm 的正立方体试件，在标准养护条件(温度(20±2)℃，相对湿度 95%以上)下，养护至 28 d 龄期，按照标准的测定方法测定具有不低于 95%保证率的抗压强度值，称为混凝土立方体抗压强度(以 f_{cu}表示，单位为N/mm^2即 MPa)

$$f_{cu}=\frac{F}{A} \tag{2-18}$$

式中 f_{cu}——混凝土立方体试件抗压强度(MPa)；

F——破坏荷载(N)；

A——试件承压面积(mm^2)。

测定混凝土立方体试件抗压强度，也可以按粗骨料最大粒径的尺寸而选用不同的试件尺寸。但在计算其抗压强度时，应乘以换算系数，以得到相当于标准试件的试验结果。(对于边长为 100 mm 的立方体试件，换算系数为 0.95；边长为 200 mm 的立方体试件，换算系数为 1.05。)

(2)混凝土的强度等级

混凝土的强度等级是根据立方体抗压强度标准值来确定的。我国现行规范(GB/T 50081—2002)规定，普通混凝土按立方体抗压强度标准值划分为：C15、C20、C25、C30、C35、C40、C45、C50、C55、C60、C65、C70、C75、C80(混凝土垫层可用 C10 混凝土)等强度等级。

混凝土强度等级的实用意义。

1)C15～C25：用于普通混凝土结构的梁、板、柱、楼梯及屋架。

2)C25～C30：用于大跨度结构、耐久性要求较高的结构、预制构件等。

3)C30 以上：用于预应力钢筋混凝土结构、吊车梁及特种构件等。

2. 轴心抗压强度(f_{cp})

为了使测得的混凝土强度接近于混凝土结构的实际情况，在钢筋混凝土结构计算中，计算轴心受压构件(例如柱子、桁架的腹杆等)时，都是采用混凝土的轴心抗压强度作为依据。

我国现行标准规定，测定轴心抗压强度采用 150 mm×150 mm×300 mm 棱柱体作为标准试件。棱柱体强度与立方体强度的比值为 0.7～0.8。

3. 劈裂抗拉强度(f_{ts})

我国现行标准规定，采用标准试件 150mm 立方体，按规定的劈裂抗拉试验装置测得的强度为劈裂抗拉强度，简称劈拉强度 f_{ts}，混凝土劈裂抗拉强度应按式(2-19)计算：

$$f_{ts}=\frac{2F}{\pi A}=0.637\frac{F}{A} \tag{2-19}$$

式中　f_{ts}——混凝土劈裂抗拉强度(MPa)；

F——破坏荷载(N)；

A——试件劈裂面面积(mm^2)。

4. 混凝土抗弯强度(f_{cf})

道路路面或机场跑道用混凝土，是以抗弯强度(或称抗折强度)为主要设计指标。水泥混凝土的抗弯强度试验是以标准方法制备成 150 mm×150 mm×550 mm 的梁形试件，在标准条件下养护 28 d 后，按三分点加荷，测定其抗弯强度(f_{cf})，按式(2-20)计算：

$$f_{cf}=\frac{FL}{bh^2} \tag{2-20}$$

式中　f_{cf}——混凝土抗弯强度(MPa)；

F——破坏荷载(N)；

L——支座间距(mm)；

b——试件截面宽度(mm)；

h——试件截面高度(m)。

5. 混凝土与钢筋的黏结强度

强度主要来源：混凝土与钢筋间的摩擦力、钢筋与水泥石间的黏结力、变形钢筋的表面机械咬合力。

6. 影响硬化后混凝土强度的因素

(1)混凝土破坏的方式

1)硬化水泥石与骨料间破坏(与水泥强度、水灰比、骨料性质有关)。

2)硬化水泥石的破坏(与水泥石强度有关)。

3)骨料本身的破坏 (与骨料强度有关)。

(2)主要影响因素

1)材料组成对混凝土强度的影响。

①水泥是混凝土中的活性组分，其强度大小直接影响着混凝土强度的高低。在配合比相同的条件下，所用的水泥强度等级越高，制成的混凝土强度也越高。当用同一品种同一强度等级的水泥时，混凝土的强度主要取决于水灰比。因为水泥水化时所需的结合水，一般只占水泥质量的 23%左右，但在拌制混凝土混合物时，为了获得必要的流动性，常需用较多的水(约占水泥质量的 40%～70%)。混凝土硬化后，多余的水分蒸发或残存在混凝土中，形成毛细管、气孔或水泡，它们减少了混凝土的有效断面，并可能在受力时于气孔或水泡周围产生应力集中，使混凝土强度下降。

在保证施工质量的条件下，水灰比愈小，混凝土的强度就愈高。但是，如果水灰比太小，拌和物过于干涩，在一定的施工条件下，无法保证浇灌质量，混凝土中将出现较多的蜂窝、孔洞，也将显著降低混凝土的强度和耐久性。试验证明，混凝土强度，随水灰比增大而降低，呈曲线关系(图 2-12)。

②当骨料级配良好、砂率适当时，由于组成了坚强密实的骨架，有利于混凝土强度的提高。如果混凝土骨料中有害杂质较多，品质低，级配不好时，会降低混凝土的强度。

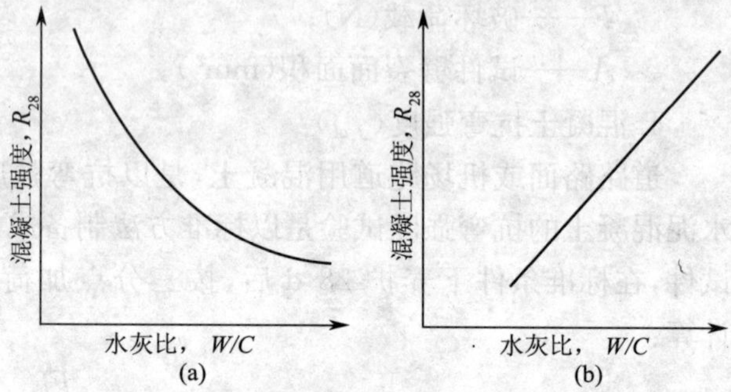

图 2-12　混凝土强度与水灰比关系

水泥石与骨料的黏结情况与骨料种类和骨料表面性质有关，表面粗糙的碎石比表面光滑的卵石(砾石)的黏结力大，硅质骨料与钙质骨料也有分别。在其他条件相同的情况下，碎石混凝土的强度比卵石混凝土的强度高。根据大量试验建立的混凝土强度公式：

$$f_{cu,0} = \alpha_a f_{ce}(C/W - \alpha_b) \tag{2-21}$$

2)养护条件对混凝土强度的影响。

①养护温度高，水泥水化速度快，混凝土强度的发展也快；反之，在低温下混凝土强度发展迟缓。当温度降到冰点以下时，水泥将停止水化，强度停止发展，而且易使硬化的混凝土结构遭到破坏。因此，冬期施工时，混凝土应特别注意保温养护，防止早期受冻破坏。

水是水泥水化的必要条件。如果湿度不够，水泥水化反应不能正常进行，甚至停止水化，会严重降低混凝土强度。因此在混凝土浇筑完毕后，应在 12 h 内进行覆盖；在夏季施工的混凝土，要特别注意浇水保湿。湿度对强度发展的影响见图 2-13。

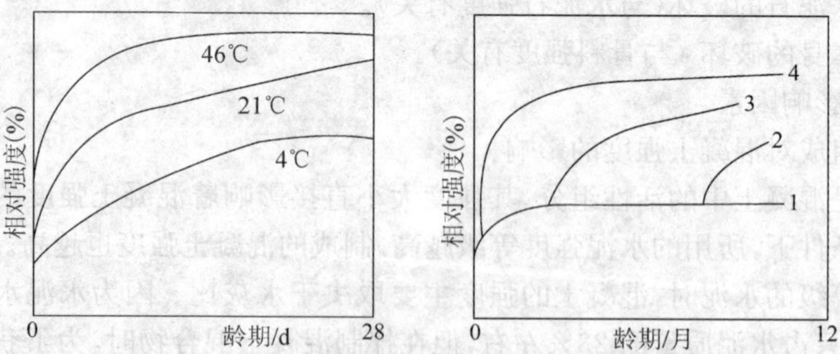

(a)温度对强度发展的影响　　(b) 湿度对强度发展的影响

图 2-13　温度对强度发展影响

1—空气养护；2—9 个月后水中养护；3—3 个月后水中养护；4—标准湿度条件下养护

②龄期是指混凝土在正常养护条件下所经历的时间。在正常养护条件下，混凝土强度的增长遵循水泥水化历程规律，即随着龄期时间的延长，强度也随之增长。最初7～14 d内，强度增长较快，28 d以后增长较慢。但只要温湿度适宜，其强度仍随龄期增长。

普通水泥制成的混凝土，在标准养护条件下，其强度的发展，大致与其龄期的对数成正比(龄期不小于3 d)。

其经验公式如下：

$$f_n=\frac{f_{28}\cdot \lg n}{\lg 28} \tag{2-22}$$

式中 f_n——n d龄期混凝土的抗压程度(MPa)；

f_{28}——28 d龄期混凝土的抗压强度(MPa)；

$\lg n$、$\lg 28$——n(n不小于3)和28的常用对数。

根据上式，可估算混凝土28 d的强度，或推算28 d前混凝土达到某一强度需要养护的天数，如确定生产施工进度：混凝土的拆模、构件的起吊、放松预应力钢筋、制品堆放、出厂等的日期 。

3)试验条件对混凝土强度的影响。

①试件尺寸。相同混凝土试件的尺寸越小，测得的混凝土的强度就越高。我国标准规定，采用边长为150 mm的立方体试件作为标准试件，当采用非标准试件时，所测得的抗压强度应乘以表2-17所列的换算系数。

表2-17 混凝土试件不同尺寸的强度换算系数

骨料最大粒径(mm)	试件尺寸(mm)	换算系数
30	100×100×100	0.95
40	150×150×150	1
60	200×200×200	1.05

②试件的形状。当试件受压面积相同，而高度不同时，高宽比越大，抗压强度越小。这是由于环箍效应所致。当试件受压时，试件受压面与试件承压板之间的摩擦力，对试件相对于承压板的横向膨胀起着约束作用，该约束有利于强度的提高。愈接近试件的端面，这种约束作用就越大，在距端面大约a的范围以外，约束作用才消失。试件破坏后，其上下部分各呈现一个较完整的棱锥体，这就是这种约束作用的结果，称为环箍效应。

③表面状态。混凝土试件承压面的状态，也是影响混凝土强度的重要因素。当试件受压面有润滑剂时，试件受压时的环箍效应大大减小，测出的强度值较低(图2-14)。

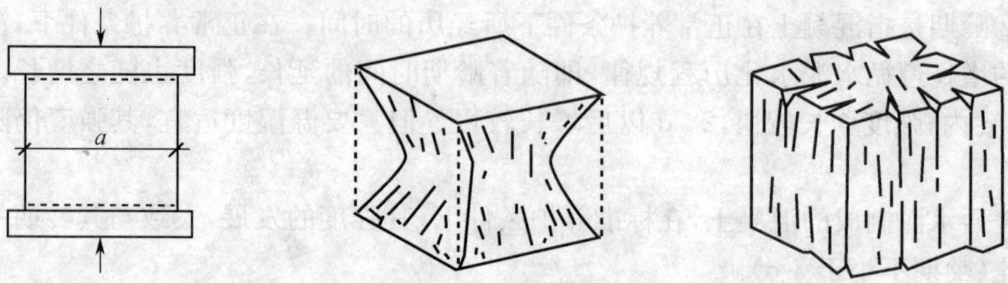

(a)压力机压板对试件的约束作用　(b)试件破坏后残存的棱锥体　(c)不受压板约束时试件的破坏情况

图 2-14　混凝土试件承压面状态

④加荷速度。加荷速度越大，测得的强度值也越大。

4)施工质量的好坏对混凝土强度有非常重要的影响。施工质量包括配料准确，搅拌均匀，振捣密实，养护适宜等。任何一道工序忽视了规范管理和操作，都会导致混凝土强度的降低。

施工方法的影响：尽量采用机械搅拌和振捣。

7. 提高混凝土强度的措施

(1)选用高强度水泥和低水灰比

水泥是混凝土中的活性组分，在相同的配合比情况下，所用水泥的强度等级越高，混凝土的强度越高。水灰比是影响混凝土程度的重要因素，试验证明，水灰比增加1%，则混凝土强度将下降5%，在满足施工和易性和混凝土耐久性要求条件下，尽可能降低水灰比和提高水泥强度，这对提高混凝土的强度是十分有效的。

(2)掺用混凝土外加剂

在混凝土中掺入减水剂，可减少用水量，提高混凝土强度；掺入早强剂，可提高混凝土的早期强度。在混凝土中掺入矿物外加剂(如磨细矿渣、粉煤灰、硅灰、沸石粉等)，可以节约水泥，降低成本；减少环境污染，改善混凝土诸多性能。

(3)采用机械搅拌和机械振动成型

采用机械搅拌、机械振捣的混合料，可使混凝土混合料的颗粒产生振动，降低水泥浆的黏度和骨料的摩擦力，使混凝土拌和物转入液体状态，在满足施工和易性要求条件下，可减少拌和用水量，降低水灰比。同时，混凝土混合物被振捣后，它的颗粒互相靠近，并把空气排出，使混凝土内部孔隙大大减少，从而使混凝土的密实度和强度大大提高。

(4)采用湿热处理

湿热处理可分为蒸气养护和蒸压养护两类。蒸气养护就是将成型后的混凝土制品放在100 ℃以下的常压蒸气中进行养护，以加快混凝土强度发展的速度。混凝土经16～20 h的蒸气养护后，其强度即可达到标准养护条件下28 d强度的

70％～80％。

【任务要求】

混凝土抗压强度的检测及计算，完成试验报告，见表 2-18。

【主要仪器】

混凝土搅拌机（图 2-15）、试模（图 2-16）、振动台（图 2-17）、养护箱（图2-18）、压力实验机（图 2-19）。

图 2-15　混凝土搅拌机

图 2-16　试模

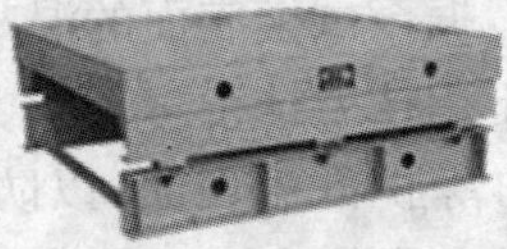

图 2-17　振动台

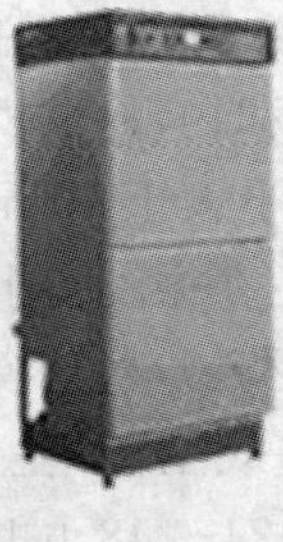

图 2-18　养护箱

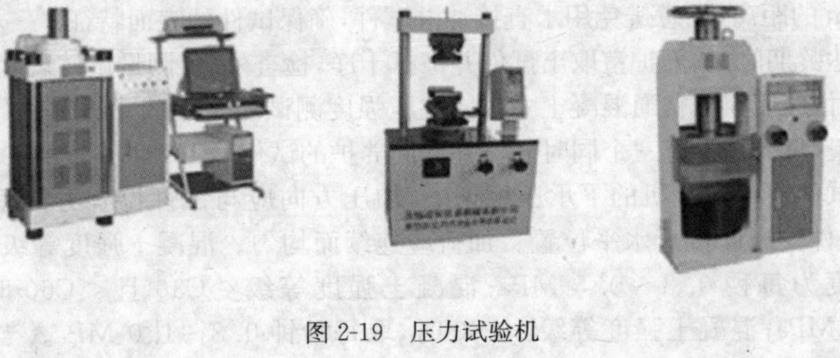

图 2-19　压力试验机

【检测步骤】

1）取样及试件制作的一般规定：混凝土立方体抗压强度试验应以三个试件为一组，

每组试件所用的拌和物根据不同要求应从同一盘搅拌或同一车运送的混凝土中取出，或在实验室机械或人工拌制。用以检验现浇混凝土工程或预制构件质量的试件分组及取样原则应按规范以及相应的规定执行。

①每拌制 100 盘且不超过 100 m^3 的同一配合比的混凝土取样不得少于一组。

②每工作班组拌制的同一配合比的混凝土不足 100 盘时，取样不得少于一次。

③当一次连续浇筑超过 1 000 m^3 时，同一配合比的混凝土每 200 m^3 取样不得少于一次。

④每一楼层、同一配合比的混凝土取样不得少于一次。

⑤每次取样应至少留置一组混凝土拌和物，应从同一批拌和而成的拌和物中取用。

2)拧紧试模的各个螺丝，擦净试模内壁并涂上一层矿物油或脱模剂。

3)用小方铲将混凝土拌和物逐层装入试模内。试件制作时，当混凝土拌和物坍落度大于 70 mm 时，宜采用人工捣实，混凝土拌和物分两层装入试模内，每层装料厚度大致相等，用捣棒螺旋式从边缘向中心均匀进行插捣。插捣底层时，捣棒应达到试模底面；插捣上层时，捣棒要插入下层 20～30 mm；插捣时捣棒应保持垂直，不得倾斜，并用抹刀沿试模四向插捣数次，以防试件产生蜂窝麻面。一般 100 cm^3 上不少于 12 次。然后刮去多余的混凝土拌和物，将试模表面的混凝土用抹刀抹平。

当混凝土的坍落度不大于 70 mm 时，宜采用机械振捣，此时装料可一次装满试模，并稍有富余，将试模固定在振动台上，开启振动台，振至试模表面的混凝土泛浆为止；然后刮去多余的混凝土拌和物，将试模表面的混凝土用抹刀抹平。

4)标准养护的试件成型后，立即用不透水的薄膜覆盖表面，以防止水分蒸发，在(20±5)℃的室内静置 24～48 h 后拆模并编号。拆模后的试件应立即送入温度为(20±2)℃、湿度为 95%以上的标准养护室养护，试件应放置在架子上，之间应保持 10～20 mm 的距离，注意避免用水直接冲淋试件，确保试件的表面特征。

5)到达龄期时，从养护室取出试件并擦拭干净，检查外观，测量试件尺寸，当试件有严重缺陷时，应废弃。普通混凝土立方体抗压强度测试所采用的立方体试件是以同一龄期为一组，每组至少有三个同时制作并共同养护的试件。

6)将试件放在试验机的下承压板正中，加压方向应与试件捣实方向垂直。调整球座，使试件受压面接近水平位置。加荷应连续而均匀。混凝土强度等级<C30 时，其加荷速度为每秒 0.3～0.5 MPa；混凝土强度等级≥C30 且<C60 时，则每秒 0.5～0.8 MPa；混凝土强度等级≥C60 时，取每秒钟 0.8～1.0 MPa。当试件接近破坏而开始迅速变形时，停止调整试验机油门，直至试件破坏，然后记录破坏荷载 P(N)。

①结果计算与数据处理。

混凝土立方体试件抗压强度按式(2-18)计算，并记录。

②以三个试件测值的算术平均值作为该组试件的抗压强度值，如果三个测定值中的最大值或最小值有一个与中间值的差值超过中间值的 15%时，则计算时舍弃最大值和最小值，取中间值作为该组试件的抗压强度值；如有最大值和最小值两个测值与中间值的差均超过中间值的 15%时，则该组试件的试验结果无效。

③混凝土抗压强度是以 150 mm×150 mm×150 mm 立方体试件的抗压强度为标准值，用其他尺寸试件测得的强度值均应乘以尺寸换算系数，如 200 mm×200 mm×200 mm 试件的换算系数为 1.05，100 mm×100 mm×100 mm 试件的换算系数为0.95。

【注意事项】

养护条件的控制(温度、湿度均应控制在实验范围内)。

表 2-18　普通混凝土立方体抗压强度实验

试验日期：________　气温/室温：________　湿度：________

(1)实验仪器

____

(2)实验记录

普通混凝土强度试验试件成型与养护

成型日期	混凝土强度等级	拌和方法	养护方法	捣实方法	龄期

试块编号	试件截面尺寸		受压面积	破坏荷载	抗压强度	平均抗压强度
	试件长	试件宽				
1						
2						
3						

(3)结论

根据国家规定，该混凝土强度等级为：________________

练习题

1. 以下(　　)过程不会发生收缩变形。

A. 混凝土碳化　　　　　　　　　B. 石灰硬化

C. 石膏硬化　　　　　　　　　　D. 混凝土失水

2. 测定混凝土立方体抗压强度时，标准试件的尺寸是（　）。

A. 100 mm×100 mm×100 mm　　B. 200 mm×200 mm×200 mm

C. 150 mm×150 mm×150 mm　　D. 70.7 mm×70.7 mm×70.7 mm

3. 细度模数在 1.6～2.2 为（　）。

A. 粗砂　　　　　　　　　　　　B. 中砂

C. 细砂　　　　　　　　　　　　D. 特细砂

4. 砂率越大，混凝土中骨料的表面积就越____；水泥浆一定时，混凝土拌和物的流动性就____。

5. 混凝土拌和物的和易性包括____、____和____三方面含义。

6. 建筑工程实际应用中，常见的有____、____、____和早强剂等外加剂。

7. 试简述影响混凝土强度的主要因素有哪些？

8. 什么是砂的级配？什么是良好的级配？

9. 500 g 砂样筛分结果如下，求各筛的分计筛余量，累计筛余量及此砂的细度模数。

筛孔尺寸(mm)	4.75	2.36	1.18	0.6	0.3	0.15	筛底
筛余量(g)	0	100	150	125	75	50	0
分计筛余量(%)							
累计筛余量(%)							

10. 已知某混凝土工程中混凝土的配合比为 1∶3∶5，水灰比为 0.5，所用水泥的密度为 3.12 g/cm³，石子的体积密度为 2.50 g/cm³，砂的体积密度为 2.50 g/cm³。

(1)计算 1 m³ 混凝土中各项材料的用量；

(2)若施工现场砂的含水率为 4%，石子的含水率为 1%，求在工地拌和 1 m³ 混凝土需用材料各为多少。

练习题答案

1. D
2. C
3. C
4. 大　差
5. 流动性　黏聚性　保水性
6. 减水剂　引气剂　缓凝剂
7. ①水泥强度和水灰比；②骨料；③温度和湿度；④龄期；⑤试件尺寸、形状、表面状态、加荷速度；⑥施工质量。
8. 砂的颗粒级配，即表示砂中大小颗粒的搭配情况。骨料级配良好的标准是骨料的空隙率和总表面积均较小。使用良好级配的骨料，不仅所需水泥浆量较少，经济性好，而且还可提高混凝土的和易性、密实度和强度。
9.

筛孔尺寸(mm)	4.75	2.36	1.18	0.6	0.3	0.15	筛底
筛余量(g)	0	100	150	125	75	50	0
分计筛余量(%)	0	20	30	25	15	10	0
累计筛余量(%)	0	20	50	75	90	100	100

$$\mu_f = \frac{(\beta_2+\beta_3+\beta_4+\beta_5+\beta_6)-5\beta_1}{100-\beta_1}$$
$$=(20+50+75+90+100)-5\times0/100-0$$
$$=3.35$$

结论：粗砂

10. (1) $\frac{x}{3.12}+0.5x+\frac{3x}{2.5}+\frac{5x}{2.5}=1\times10^6$

$x=221$ kg

1 m^3 混凝土中各项材料的用量：水泥 221 kg，水 111 kg，砂 663 kg，石1105 kg。

(2) $663\times(1+4\%)=690$ kg

$1\,105\times(1+1\%)=1\,116$ kg

$111-663\times4\%-1\,105\times1\%=73$ kg

在工地拌合 1 m^3 混凝土需用材料各为水泥 221 kg，水 73 kg，砂 690 kg，石 1 116 kg。

第3章

建筑砂浆性能的检测

学习目标

1)掌握砌筑砂浆、抹面砂浆的主要技术性质和使用方法,熟悉砂浆的配合比设计,了解各种特种砂浆的性能。

2)掌握建筑砂浆的流动性、保水性、强度等主要性能的检测方法。

相关理论知识

知识点一　建筑砂浆概述

1.建筑砂浆的含义

建筑砂浆是由胶凝材料、细骨料和水按照一定的比例配制而成的建筑材料。

建筑砂浆组成材料中无粗骨料,又称细骨料混凝土。

2.建筑砂浆的作用

砂浆在建筑工程中以薄层状态起胶结作用传递应力,起防护、衬垫和装饰等作用。

3.建筑砂浆的分类

(1)按用途分

1)砌筑砂浆:把单块的砖、石、砌体胶结成整体。

2)抹面砂浆:用做墙面、地面、梁柱表面的抹灰。

3)特种砂浆:用做隔热、耐腐蚀砂浆和吸声砂浆。

(2)按胶凝材料分

1) 水泥砂浆:强度高,适用潮湿环境、水中及对砂浆强度要求较高的地方。如外墙面粉刷、基础砌筑、砌筑砖梁等。

2) 石灰砂浆:强度低、耐水性差,仅适用地上、强度要求低的地方。如内墙面粉刷。

3) 混合砂浆:性能介于水泥砂浆和石灰砂浆。如墙体砌筑。

4) 石膏砂浆:良好的保水性、和易性和黏结性。适用于加气混凝土砌块、保温料浆以及其他高吸水率基材的室内墙面抹灰;亦适用于框架混凝土墙和顶棚抹灰。

知识点二 砌筑砂浆

1.砌筑砂浆的概念

将砖、石、砌块等黏结成为砌体的砂浆称为砌筑砂浆。砌筑砂浆起着胶结块材和传递荷载的作用,是砌体的重要组成部分。

2. 砌筑砂浆的组成材料

(1)胶凝材料及掺加料

砌筑砂浆常用的胶凝材料有水泥、石灰膏、建筑石膏等。砌筑砂浆用水泥的强度等级应根据设计要求进行选择。水泥品种的选择与混凝土相同。水泥强度等级应为砂浆强度等级的4～5倍,其强度等级不宜大于32.5级;混合砂浆采用的水泥,其强度等级不宜大于42.5级。水泥强度等级过高,将使砂浆中水泥用量过少,导致保水性不良。

为改善砂浆和易性,降低水泥用量,往往在水泥砂浆中掺入部分石灰膏、黏土膏或粉煤灰等,这样配制的砂浆称水泥混合砂浆。这些材料不得含有影响砂浆性能的有害物质,含有颗粒或结块时应用3 mm的方孔筛过滤。消石灰粉不得直接用于砌筑砂浆中。

(2)细骨料

砌筑砂浆用砂宜选用中砂,其中毛石砌体宜选用粗砂。细骨料主要是天然砂,所配制的砂浆称为普通砂浆。砂中黏土含量应不大于5%;强度等级小于M2.5时,黏土含量应不大于10%。砂的最大粒径应小于砂浆厚度的1/5～1/4,一般不大于2.5 mm。作为勾缝和抹面用的砂浆,最大粒径不超过1.25 mm,砂的粗细程度对水泥用量、和易性、强度和收缩性影响很大。

(3)水

配制砂浆用水应符合规范规定。应选用不含有害杂质的洁净水来拌制砂浆。

(4)对外加剂的要求

与混凝土中掺加外加剂一样,为改善砂浆的某些性能,也可加入塑化、早强、防冻、缓凝等作用的外加剂。一般应使用无机外加剂,其品种和掺量应经实验确定。

3.砂浆拌和物的凝结时间

建筑砂浆凝结时间,以贯入阻力达到0.5 MPa为评定依据。水泥砂浆不宜超过8 h,混合砂浆不宜超过10 h,加入外加剂后应满足设计和施工的要求。

4.砂浆的和易性

和易性是新拌制的砂浆拌和物的工作性能,即在施工中易于操作而且能保证工程质量的性质,包括流动性(稠度)和保水性两方面。和易性好的砂浆,在运输和操作时,不会出现分层、泌水,而且容易在粗糙的砖、石、砌块表面铺成均匀的薄层,保证灰缝饱满密实，能将砖、石、砌块等很好地黏结成整体，而且能保证施工操作时间。

5.砌筑砂浆的种类

常用的砌筑砂浆有水泥砂浆、石灰砂浆、水泥石灰混合砂浆等。水泥砂浆适用于潮湿环境及水中的砌体工程；石灰砂浆仅用于强度要求低、干燥环境中的砌体工程；混合砂浆不仅和易性好，而且可配制成各种强度等级的砌筑砂浆，除对耐水性有较高要求的砌体外，可广泛用于各种砌体工程中。

6.砌筑砂浆强度等级的选择

一般情况下，多层建筑物墙体选用M1～M10的砌筑砂浆；砖石基础、检查井、雨水井等砌体，常采用M5砂浆；工业厂房、变电所、地下室等砌体选用M2.5～M10的砌筑砂浆；二层以下建筑常用M2.5以下砂浆；简易平房、临时建筑可选用石灰砂浆。

知识点三　抹面砂浆

1.抹面砂浆概述

凡涂抹在建筑物或建筑构件表面的砂浆，统称为抹灰砂浆或抹面砂浆，既能保护墙体，又具有一定装饰性的建筑材料。根据其功能的不同，可分为普通抹面砂浆、装饰砂浆、防水砂浆及其他特种砂浆（如绝热、耐酸、防射线砂浆等）。

抹面砂浆的组成材料与砌筑砂浆基本相同。但为了防止砂浆层的开裂，有时需要加入一些纤维材料；有时为了使其具有某些功能需加入特殊骨料或掺和料。与砌筑砂浆相比，抹面砂浆具有以下特点：

1)抹面层不承受荷载。

2)抹面层与基底层要有足够的黏结强度，使其在施工中或长期自重和环境作用下不脱落、不开裂。

3)抹面层多为薄层，并分层涂抹，面层要求平整、光洁、细致、美观。

4)多用于干燥环境，大面积暴露在空气中。

2.普通抹面砂浆

(1)主要功能

1)保护建筑物减小受大气、雨雪、有害气体的侵蚀，以及提高抗渗、抗冻、抗风化等耐久性能。

2)提高建筑物保温、隔声、整洁美观等功能。用于室内的抹面砂浆不仅对建筑物有防护作用，同时还具有隔热保温、吸音、隔声、调节室内湿度、改善室内适用性、增加室内明亮度及光线均匀度、改善室内装饰效果等作用。

(2)提高砂浆的抗裂性、减少其收缩值的主要措施

1)控制砂的颗粒细度和掺量。较粗的砂和砂掺量较多时，都能减少砂浆干缩值。

2)在满足和易性和强度要求的前提下，尽量限制胶凝材料用量，控制用水量，以减

少干缩值。

3)掺入适量的纤维材料。

4)分层抹灰或将面积较大的抹面层分格处理,可以使砂浆相对收缩值减少。

5)控制养护速度,使砂浆脱水缓慢、均匀。

3. 装饰砂浆

(1)装饰砂浆概述

涂抹在建筑物内外墙表面,具有美观装饰效果的抹面砂浆统称为装饰砂浆。

装饰砂浆的面层,要选用具有一定颜色的胶凝材料和骨料以及采用某些特殊的操作工艺,使表面呈现出不同的色彩、线条与花纹等装饰效果。

装饰砂浆所采用的胶凝材料有普通水泥、白水泥和彩色水泥,以及石灰、石膏等。骨料常采用大理石、花岗岩等带颜色的碎石渣或玻璃、陶瓷碎粒。

(2)装饰砂浆做法举例

1)拉毛,在水泥砂浆或水泥混合砂浆抹灰中层上,抹上水泥混合砂浆、纸筋石灰或水泥石灰浆等,并利用拉毛工具将砂浆拉出波纹和斑点的毛头,做成装饰面层。一般适用于有声学要求的礼堂、剧院等室内墙面。

2)水磨石,用普通水泥、白色水泥或彩色水泥拌和各种色彩的大理石渣做面层,硬化后表面磨平抛光。水磨石色彩丰富,抛光后更接近于磨光的天然石材。用于地面面层、楼梯踏步、窗台板、柱面、台面、踢脚板等。有现浇和预制两种。

3)水刷石,用颗粒细小(约 5 mm)的石渣所拌成的砂浆做面层,待表面稍凝固后立即喷水冲刷表面水泥浆,使其半露出石渣。水刷石多用于建筑物的外墙装饰,具有天然石材的质感,经久耐用。

4. 特种抹面砂浆

(1)防水砂浆

防水砂浆是一种制作防水层的高抗渗性砂浆。砂浆防水层又称刚性防水层,仅适用于不受振动和具有一定刚度的混凝土或砖石砌体的表面,广泛用于地下建筑和蓄水池等建筑物的防水,对于变形较大或可能发生不均匀沉陷的建筑物,不宜采用砂浆防水层。

防水砂浆可用普通水泥砂浆制作,也可以在水泥砂浆中掺入防水剂来提高砂浆的抗渗能力。常用的防水剂有氯化物金属盐类防水剂、金属皂类防水剂和水玻璃类防水剂等。

防水砂浆的防渗效果在很大程度上取决于施工质量,因此施工时要严格控制原材料质量和配合比。配制防水砂浆时将水泥和砂子干拌均匀,再把量好的防水剂溶于拌和水中与水泥、砂搅拌均匀后即可使用。涂抹时,每层厚度约5 mm左右,共涂抹 4～5层,约 20～30 mm 厚。在涂抹前先在润湿清洁的底面上抹一层纯水泥浆,然后抹一层

5 mm 厚的防水砂浆，在初凝前用木抹子压实一遍，第二、三、四层都是同样的操作方法，最后一层进行压光。抹完后要加强养护，保证砂浆的密实性，以获得理想的防水效果。

防水砂浆按其组成成分可分为多层抹面水泥砂浆、掺防水剂防水砂浆、膨胀水泥防水砂浆及掺聚合物防水砂浆等四类。

(2)保温砂浆

保温砂浆又称绝热砂浆，是采用水泥、石灰、石膏等胶凝材料与膨胀珍珠岩或膨胀蛭石、陶砂等轻质多孔骨料按一定比例配合制成的砂浆。保温砂浆具有质轻和良好的绝热性能，其导热系数约为 0.07～0.10 W/(m·K)，可用于屋面绝热层、绝热墙壁或供热管道的绝热层等处。常用的保温砂浆有水泥膨胀珍珠岩砂浆、水泥膨胀蛭石砂浆、水泥石灰膨胀蛭石砂浆等。

(3)吸声砂浆

与绝热砂浆类似，绝热砂浆由轻质多孔骨料配置制成，具有良好的吸声性。

还可以配制用水泥、石膏、砂、锯末拌成的吸声砂浆，或在石灰、石膏砂浆中掺入玻璃纤维、矿物棉等松软纤维材料配制。吸声砂浆可用于室内墙壁和吊顶的吸声处理。

(4)耐酸砂浆

用水玻璃与氟硅酸钠拌制成耐酸砂浆，有时也可掺入石英岩、花岗岩、铸石等粉状细骨料。水玻璃硬化后具有很好的耐酸性能。耐酸砂浆多用作衬砌材料、耐酸地面和耐酸容器的内壁防护层。

(5)聚合物砂浆

在水泥砂浆中加入有机聚合物乳液配制成的砂浆称为聚合物砂浆。聚合物砂浆一般具有黏结力强、干缩率小、脆性低、耐蚀性好等优点，用于修补和防护工程。常用的聚合物乳液有氯丁橡胶乳液、丁苯橡胶乳液、丙烯酸树脂乳液等。

知识点四　混凝土小型空心砌块砌筑砂浆

1. 混凝土小型空心砌块砌筑砂浆定义

由水泥、砂、水以及根据需要掺入的掺和料和外加剂等组分，按一定比例，采用机械拌和制成，用于砌筑混凝土小型空心砌块的砂浆。

2. 标记及等级

混凝土小型空心砌块砌筑砂浆用标记，强度分为 Mb5.0、Mb7.5、Mb10.0、Mb15.0、Mb20.0、Mb25.0 和 Mb30.0 等七个等级。

知识点五　预拌砂浆

1. 预拌砂浆的含义

预拌砂浆是指由专业化厂家生产的，用于建设工程中的各种砂浆拌和物，是我国近年发展起来的一种新型建筑材料。

按性能可分为普通预拌砂浆和特种砂浆。普通砂浆主要包括砌筑砂浆、抹灰砂浆、地面砂浆。砌筑砂浆、抹灰砂浆主要用于承重墙、非承重墙中各种混凝土砖、粉煤灰砖和黏土砖的砌筑和抹灰，地面砂浆用于普通及特殊场合的地面找平。特种砂浆包括保温砂浆、装饰砂浆、自流平砂浆、防水砂浆等，其用途也多种多样，广泛用于建筑外墙保温、室内装饰修补等。

20 世纪 50 年代初，欧洲国家就开始大量生产，使用预拌砂浆，至今已有 50 多年的发展历史。国内上海，常州等发达地区发展较快。同时，许多城市也在逐步禁止现场搅拌砂浆，推广使用预拌砂浆。

2. 预拌砂浆的优势

新修订的《节能法》将节约资源定为我国的基本国策。建筑业是除了工业和交通，排在第三位的耗能大户，节能潜力巨大，现在已经吸引了越来越多的目光。

无论是对于新建建筑还是改造建筑，预拌砂浆都是其中不可或缺的重要成分，更能大幅度降低建筑的二次施工率，在不断提高人们居住环境舒适度的同时，降低建筑耗能总量，有效缓解能源的供需矛盾，既具有实际经济意义，又具有重要的社会意义和环保价值。

1)健康环保：预拌砂浆使用环保生态材料生产，给您的生活带来健康保证。

2)质量稳定：使用预拌砂浆的房子，墙体不空鼓、不开裂，大大提高房子的抗震等级，让您的居住无后顾之忧。

3)节能舒适：使用预拌保温砂浆的房子，节能效果好，冬暖夏凉，四季如春。

4)经济性佳：使用预拌砂浆，更经济、无原材料浪费，让您买到更经济实惠的住房。

3. 预拌砂浆的表示方法

预拌砂浆与传统砂浆分类，见表 3-1。

表 3-1 预拌砂浆与传统砂浆分类对应表

种类	预拌砂浆	传统砂浆
抹灰砂浆	RP20	1∶2、1∶2.5 水泥砂浆、1∶2 混合砂浆
	RP15	1∶3 水泥砂浆
	RP10	1∶4 混合砂浆
	RP5	1∶6 混合砂浆
地面砂浆	RS20	1∶2 水泥砂浆
砌筑砂浆	RM5	M5.0 混合砂浆、M5.0 水泥砂浆
	RM7.5	M7.5 混合砂浆、M7.5 水泥砂浆
	RM10	M10 混合砂浆、M10 水泥砂浆

注：外墙外保温砂浆用 SD 标识。

任务一　砂浆拌和物流动性(稠度)测定

【学习目标】

1)掌握砂浆流动性概念,熟悉它与施工质量及其硬化后质量的关系。

2)学会测定砂浆拌和物流动性(稠度)的方法,并测得达到设计稠度时的用水量,并以此控制在施工中砂浆的流动性(稠度)。

【知识要点】

1. 砂浆流动性的定义和表示方法

砂浆在自重或外力作用下流动的性能称为砂浆的流动性,也叫稠度。表示砂浆流动性大小的指标是沉入度,它是以砂浆稠度仪测定的,其单位为 mm。沉入度越大,表示砂浆的流动性越好。

2. 流动性(稠度)的意义

砂浆流动性的选择(表 3-2)与砌体种类、施工方法及天气情况有关。流动性过大,说明砂浆太稀。过稀的砂浆不仅铺砌困难,而且硬化后强度降低;流动性过小,砂浆太稠,难于铺平。一般情况下多孔吸水的砌体材料或干热的天气,砂浆的流动性应大些;而密实不吸水的材料或湿冷的天气,其流动性应小些。

表 3-2　砌筑砂浆的流动性选择(稠度)

砌体种类	砂浆稠度(mm)	砌体种类	砂浆稠度(mm)
烧结普通砖砌体	70～90	烧结多孔砖,空心砖砌体	60～80
轻骨料混凝土小型空心砌体	60～90	石砌体	30～50

【任务要求】

测定砂浆拌和物的流动性,确定砂浆的用水量,完成实验报告见表 3-3。

【主要仪器】

砂浆搅拌机、砂浆稠度测定仪(图 3-1、图 3-2、图 3-3)、金属捣棒、抹刀、秒表等。

【检测步骤】

1)试样准备。

①拌制砂浆所用的原料应符合各自相关的质量标准。测试前要事先运入实验室内,拌和时实验室的温度应控制在(20±5)℃范围内;拌和砂浆所用的水泥如有结块,应充分混合均匀,以 0.9 mm 筛过筛,砂子粒径应不大于 5 mm,拌制砂浆时所用材料应以质量计量,称量精度为:水泥、外加剂为±0.5%;砂、石灰膏及粉煤灰为±1%;搅拌时可

用机械搅拌或人工搅拌，用搅拌机搅拌时，其搅拌量不宜少于搅拌机容量的20%，搅拌时间不宜少于2 min。

②拌制前应将搅拌机、拌和铁铲、拌和铁板和抹刀等工具表面用湿抹布擦拭，拌板上不得有积水。

图3-1　砂浆稠度仪

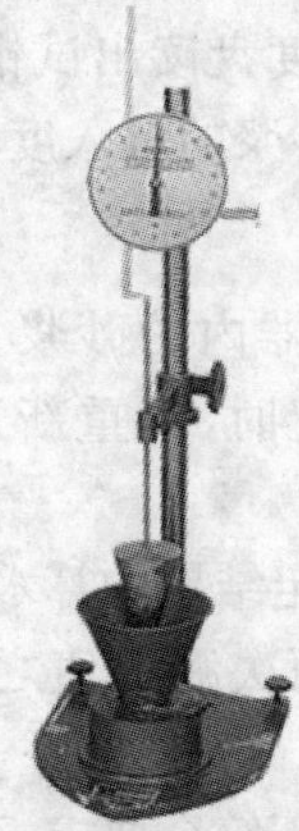

图3-2　数显砂浆稠度仪(无需秒表)

2)拌制。

①人工拌制。

a.将称好的砂子倒在拌和板上，然后加入水泥，用拌和铁铲拌和至混合物颜色均匀为止。

b.将混合物堆成堆，在其中间做一凹槽，将称量好的石灰膏倒入其中，再加适量的水将石灰膏调稀，然后与水泥、砂子共同拌和，用量筒逐次加水拌和，每翻拌一次，需用拌和铁铲将全部砂浆压切一次，直至拌和物色泽一致，和易性调整到符合要求为止。

c.一般每次拌和从加水完毕时至完成拌制需3～5 min。

②机械拌制。

a.用正式拌和砂浆时的相同配合比先拌适量砂浆，使搅拌机内壁黏附一层薄水泥砂浆，可使正式拌和时的砂浆配合比成分准备，保证拌和质量。

b.先称量好各项材料，然后依次将砂子、水泥装入搅拌机；开动搅拌机将水徐徐加入，搅拌3 min；将砂浆拌和物倒入拌和铁板上，用拌和铁铲翻拌两次，使之混合均匀。

3)将盛砂浆的圆锥容器和试锥表面用湿布擦拭干净，检查试锥滑杆能否自由滑动。

4)将拌和好的砂浆拌和物一次装入圆锥筒内至筒口下10 mm左右，用捣棒自容器中心向边缘插捣 25 次，随后轻轻地将容器摇动 5～6 下，使砂浆表面平整。

5)将装满拌和物的圆锥筒置于测定仪下，松开试锥滑杆制动螺丝，使固定在支架上的滑杆下端的圆锥尖与砂浆表面刚刚接触，再调整刻度盘上的指针对准零点。

6)拧开制动螺栓，同时计时，10 s 后立即固定螺栓。

7)此时从刻度盘读出试锥下降的深度(精确到 1 mm)，即为砂浆的沉入度。

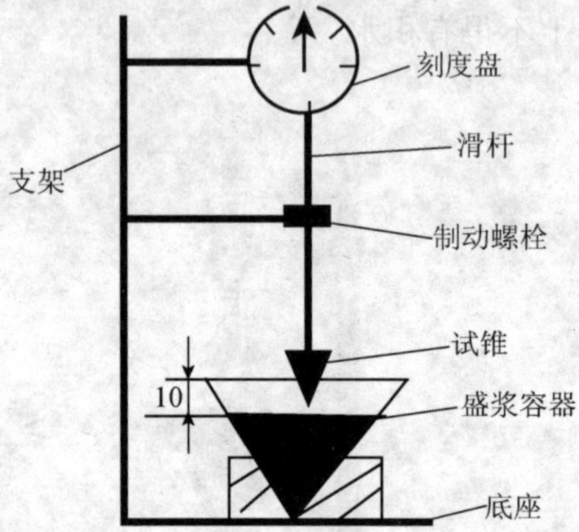

图 3-3　数显砂浆稠度仪的组成示意图

【注意事项】

1)圆锥形容器内的砂浆只允许测定一次稠度，如要重复测定时，应重新进行取样后再进行测定。

2)以两次测定结果的算术平均值作为砂浆稠度测定结果，如两次测定值之差大于 20 mm，应重新配砂浆测定。

3)如稠度值不符合要求，可酌情加水或石灰膏，重新再测，直到符合要求为止。但从加水拌和算起，时间不准超过 30 min，否则重拌。

表 3-3　砂浆流动性(稠度)实验

实验日期：________ 气温/室温：________ 湿度：________

砂浆质量配合比：________________

(1)实验仪器

____

(2)实验记录

砂浆稠度实验记录表

拌制日期			要求的稠度			
试样编号	拌和____升砂浆所用材料(kg)				实测沉入度(mm)	实验结果(mm)
	水泥	石灰膏	砂	水		
1						
2						

(3)结论

____

____

任务二　砂浆拌和物保水性(分层度)测定

【学习目标】

1)掌握砂浆拌和物在运输、停放、使用时的保水性的意义。

2)学会保水性测定方法。

【知识要点】

1. 保水性的定义和表示方法

搅拌好的砂浆在运输、停放和使用过程中,阻止水分与固体料之间、水泥浆体与骨料之间相互分离,保持水分的能力为砂浆的保水性。

砂浆的保水性用砂浆分层度仪测定,以分层度(mm)表示。分层度过大,表示砂浆易产生分层离析不利于施工及水泥硬化。砌筑砂浆分层度不应大于30 mm。分层度过小,容易发生干缩裂缝,故通常砂浆分层度不宜小于 10 mm。

2. 保水性的意义

保水性良好的砂浆水分不易流失,易于摊铺成均匀密实的砂浆层,反之,保水性差的砂浆,在施工过程中容易泌水、分层离析,使流动性变差,同时由于水分易被砌体吸收,影响胶凝材料的正常硬化,从而降低砂浆的黏结强度。

【任务要求】

通过分层度检测实验,测定砂浆保水性,完成实验报告见表 3-4。

【主要仪器】

分层度测定仪(图 3-4)等。

图 3-4　砂浆分层度仪

【检测步骤】

1)先按任务一的方法测定出砂浆的沉入度。

2)把砂浆分层度仪上下圆筒连接在一起,旋紧连接螺栓的螺母。

3)将拌好的砂浆一次装入砂浆分层度筒中,装满后用木锤在分层度仪筒体距离大致相等的四个部位轻轻敲击 1～2 次。

4)用同批拌制的砂浆将筒口装满,刮去多余的砂浆。

5)用抹刀将筒口的砂浆沿筒口抹平。

6)静止 30 min 后,旋松连接螺栓的螺母。

7)除去上筒 200 mm 高的砂浆,剩余下筒 100 mm 砂浆重新拌和。

8)再次用任务一的方法测定砂浆的沉入度，两次沉入度的差值称为分层度，以 mm 表示。保水性良好的砂浆，其分层度较小。

9)取两次实验结果的算术平均值作为该批砂浆的分层度值，两次分层度测试值之差大于 20 mm，则应重新取样测试。

【注意事项】

1)按照任务一的方法测定严格确定砂浆的沉入度。

2)两次分层度测试值之差大于 20 mm，则应重新取样测试。

3)改善保水性的方法：可加入一定的石灰膏或黏土膏、微沫剂。

表 3-4　砂浆分层度实验

实验日期：________ 气温/室温：________ 湿度：________

砂浆质量配合比：________________

(1)实验仪器

____

(2)实验记录

砂浆分层度实验记录表

<table>
<tr><td>拌制日期</td><td colspan="4"></td><td>要求的稠度</td><td colspan="3"></td></tr>
<tr><td rowspan="2">试样编号</td><td colspan="4">拌和____升砂浆所用材料(kg)</td><td rowspan="2">静置前稠度值(mm)</td><td rowspan="2">静置 30 min 稠度值(mm)</td><td rowspan="2">分层度值(mm)</td><td rowspan="2">实验结果(mm)</td></tr>
<tr><td>水泥</td><td>石灰膏</td><td>砂</td><td>水</td></tr>
<tr><td>1</td><td></td><td></td><td></td><td></td><td></td><td></td><td></td><td rowspan="3"></td></tr>
<tr><td>2</td><td></td><td></td><td></td><td></td><td></td><td></td><td></td></tr>
<tr><td></td><td></td><td></td><td></td><td></td><td></td><td></td><td></td></tr>
</table>

(3)结论：________________________

根据分层度判别此砂浆的保水性为：________________

任务三　砌筑砂浆抗压强度测定

【学习目标】

1)学会设计建筑砂浆配合比和检验现场砂浆质量的基本方法。

2)学会砂浆抗压强度测定方法。

【知识要点】

1. 砌筑砂浆抗压强度的定义

砂浆以抗压强度作为其强度指标。标准试件尺寸为 70.7 mm 立方体试件一组 6 块，在标准条件（温度为(20±3)℃，水泥砂浆的相对湿度≥90%，混合砂浆的相对湿度为 60%～80%）标养至 28 d，测定其抗压强度平均值(MPa)。若最大值或最小值与平均值相差 20%，则取中间的四个作为测定结果。

砌筑砂浆按抗压强度划分为 M20、M15、M10、M7.5、M5.0、M2.5 等 6 个强度等级。符号 M20 表示养护 28 d 后的立方体试件抗压强度平均值不低于20 MPa。

2. 影响砂浆的抗压强度的因素

影响砂浆的抗压强度的因素很多，其中主要的影响因素是原材料的性能和用量，以及砌筑层(砖、石、砌块)吸水性，最主要的材料是水泥。砂的质量、掺和材料的品种及用量、养护条件都会影响砂浆的强度和强度增长。

3. 抗压强度计算

(1)不吸水基层(如致密石材)

影响砂浆强度的主要因素与混凝土基本相同，即主要决定于水泥强度和水灰比。计算公式如下：

$$f_{\mathrm{m}} = 0.29 f_{\mathrm{ce}}\left(\frac{C}{W} - 0.40\right) \tag{3-1}$$

式中　f_{m}——砂浆 28 d 抗压强度(MPa)；

f_{ce}——水泥的实测强度(MPa)；

C/W——灰水比。

(2)吸水基层(如黏土砖及其他多孔材料)

由于基层能吸水，当其吸水后砂浆中保留水分的多少取决于其本身的保水性，而与水灰比关系不大。因而，此时砂浆强度主要决定于水泥强度及水泥用量。计算公式如下：

$$f_{\mathrm{m}} = A f_{\mathrm{ce}} Q_{\mathrm{c}}/1\,000 + B \tag{3-2}$$

式中　Q_{c}——每立方米砂浆中水泥用量(kg)；

A、B——砂浆的特征系数，$A=3.03$，$B=-15.09$。

各地区也可用本地区实验资料确定 A、B 值，统计用的实验组数不得少于 30 组。

4. 黏结强度

砌筑砂浆必须有足够的黏结力，才能将砖石黏结为坚固的整体，砂浆黏结力的大小，将影响砌体的抗剪强度、耐久性、稳定性及抗震能力。通常黏结力随砂浆抗压强度的提高而增大。砂浆黏结力还与砌筑材料的表面状态、润湿程度、养护条件等有关。

5. 砂浆配合比设计

砌筑砂浆的配合比应满足施工和易性(稠度)的要求,保证设计强度,还应尽可能节约水泥,降低成本。

1)砌筑砂浆配制强度($f_{m,0}$)的确定。

$$f_{m,0} = f_2 + 0.645\sigma \tag{3-3}$$

式中 $f_{m,0}$——砂浆的配制强度,精确至 0.1 MPa;

f_2——砂浆设计强度等级[即砂浆抗压强度平均值(MPa)];

σ——砂浆现场强度标准差,精确至 0.01 MPa。

砌筑砂浆现场强度标准差 σ 应按式(3-4)计算:

$$\sigma = \sqrt{\frac{\sum_{i=1}^{n} f_i^2 - n\bar{f}^2}{n-1}} \tag{3-4}$$

式中 f_i——统计周期内同一品种砂浆第 i 组试件的强度(MPa);

$\bar{f}$——统计周内同一品种砂浆 n 组试件强度的平均值(MPa);

n——统计周期内同一品种砂浆试件的总组数,$n \geqslant 25$。

当无近期统计资料时,砂浆现场强度标准差可参考表 3-5。

表 3-5 砂浆强度标准差 σ (单位:MPa)

施工水平	砂浆强度等级				
	M2.5	M5.0	M7.5	M10.0	M15.0
优良	0.50	1.00	1.50	2.00	3.00
一般	0.62	1.25	1.88	2.50	3.75
较差	0.75	1.50	2.25	3.00	4.50

2)计算每立方米砂浆中水泥用量 Q_c(每立方米砂浆中水泥用量)可按式(3-5)计算:

$$Q_c = \frac{1\,000(f_{m,0} - B)}{Af_{ce}} \tag{3-5}$$

式中 Q_c——每立方米砂浆中水泥用量,精确至 1 kg;

$f_{m,0}$——砂浆的配制强度,精确至 0.1 MPa;

A、B——砂浆的特征系数;$A=3.03$,$B=-15.09$。

3)按水泥用量计算掺加料用量。

水泥混合砂浆的掺加料用量应按式(3-6)计算:

$$Q_D = Q_A - Q_c \tag{3-6}$$

式中 Q_c——每立方米砂浆的水泥用量,精确至 1 kg;

Q_A——每立方米砂浆中水泥和掺加料的总量,精确至 1 kg;宜在 300~350 kg 之间;

Q_D——每立方米砂浆的掺加料用量，精确至 1 kg。

石灰、黏土膏使用时的稠度为(120±5)mm；对于不同稠度的石灰膏，可按表 3-6 进行换算。

表 3-6　不同稠度的石灰膏换算系数

灰膏稠度(mm)	130	120	110	100	90	80	70	60	50
换算系数	1.05	1.00	0.99	0.97	0.95	0.93	0.92	0.90	0.88

4)确定砂用量 Q_s(kg/m^3)。

$$Q_s = 1 \times \rho_{0干} \tag{3-7}$$

式中　$\rho_{0干}$——砂干燥状态(含水率小于 0.5%)的堆积密度。

5)确定用水量 Q_w(kg/m^3)。

按砂浆稠度要求，根据经验选定。一般混合砂浆约为：260～300 kg/m^3，水泥砂浆约为 270～330 kg/m^3。

6)试配与调整。

按计算配合比，采用工程实际使用材料进行试拌，测定其拌和物的稠度和分层度，若不能满足要求，则应调整用水量或掺加料，直到符合要求为止。然后，确定试配时的砂浆基准配合比。试配时至少应采用三个不同的配合比，其中一个为基准配合比，另外两个配合比的水泥用量按基准配合比分别增加及减少 10%，在保证稠度、分层度合格的条件下，可将用水量或掺加料用量作相应调整。

对三个不同的配合比，经调整后，应按有关标准的规定成型试件，测定砂浆强度等级，并选定符合强度要求的且水泥用量较少的砂浆配合比。

【任务要求】

完成砂浆试块的制作、养护和强度检测，完成实验报告见表 3-7。

【主要仪器】

砂浆搅拌机(图 3-5)、砂浆稠度仪、70.7 mm×70.7 mm×70.7 mm 砂浆试模(图 3-6)、台秤及量筒、黄油、抗压实验机(图 3-7)、钢制捣棒、拌锅和拌板等。

【检测步骤】

1.砂浆拌和

按计算出的初步配合比称取各料，用 1 000 mL 的量筒量取 1 000 mL 清水备用。将各料倒入砂浆搅拌机的搅拌桶内，开动机器，根据砂浆的稀稠情况逐步加入清水。其间停下机器，取出一部分砂浆测试稠度，若稠度尚未达到要求，则加清水继续搅拌，并再次测定稠度，直至稠度处在要求的范围之内。

图 3-5　砂浆搅拌机

图 3-6　砂浆试模

2. 装模与脱模

在试模的内表面涂上黄油，将试模置于铺有湿纸的普通砖上。将拌和好的砂浆装入试模内，用铁条插捣均匀，15～30 min 后抹平并编号，24 h 后脱模。

3. 养护

采用自然养护，注意记录养护期间的气温、湿度，龄期达到 28 d 后进行强度实验。

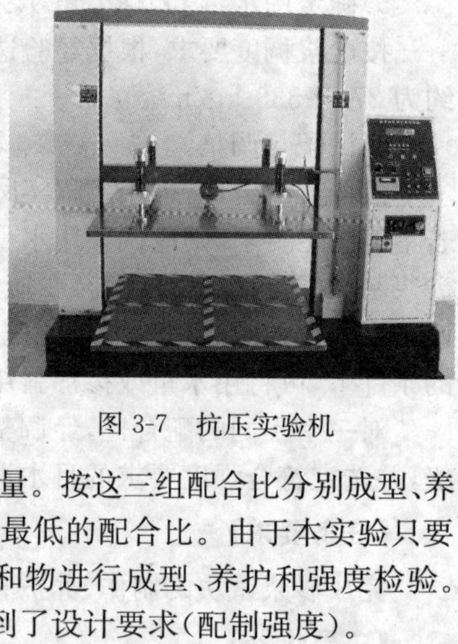

图 3-7　抗压实验机

1）在基准配合比的基础上，至少采用三个不同的配合比，其中一个为基准配合比，另外两个配合比的水泥用量比基准配合比左右 10%，在保证沉入度、分层度合格的前提下，可适当调整用水量和各掺和料的用量。按这三组配合比分别成型、养护，测定 28 d 强度，从而确定能达到强度要求而且成本最低的配合比。由于本实验只要求了解主要实验过程，故仅用做完和易性实验后的拌和物进行成型、养护和强度检验。实验完毕后，要根据该组试件的抗压强度判断是否达到了设计要求（配制强度）。

2）每组试件为 6 块，取 6 个试件实验结果的算术平均值作为该组砂浆试件的抗压强度。当 6 个试件中的最大值或最小值与平均值的差超过 20%，以中间 4 个试件的平均值作为该组试件的抗压强度值。

【注意事项】

1）抗压强度的确定：若其中的最大值或最小值与 6 块均值之差未超过 6 块均值的 20%，以 6 块的均值为抗压强度；若超过，则以中间四块的均值为抗压强度。

2）养护时间及养护环境的保证。

表 3-7　砂浆抗压强度实验

实验日期：＿＿＿＿＿气温：＿＿＿＿＿湿度：＿＿＿＿＿

砂浆质量配合比：＿＿＿＿＿＿＿＿＿＿＿＿＿＿＿

(1)实验仪器

＿＿＿＿＿＿＿＿＿＿＿＿＿＿＿＿＿＿＿＿＿＿＿＿＿＿＿＿＿＿

(2)实验记录

砂浆抗压强度记录表

<table>
<tr><td colspan="2">成型日期</td><td colspan="3"></td><td colspan="2">拌和方法</td><td></td><td>捣实方法</td><td></td></tr>
<tr><td colspan="2">欲拌砂浆强度等级</td><td colspan="3"></td><td colspan="2">水泥强度等级</td><td></td><td>养护方法</td><td></td></tr>
<tr><td rowspan="2">实验日期</td><td rowspan="2">养护龄期(d)</td><td rowspan="2">试块编号</td><td colspan="2">试块边长(mm)</td><td rowspan="2">受压面积</td><td rowspan="2">破坏荷载 F(N)</td><td rowspan="2">抗压强度(MPa)</td><td rowspan="2">平均抗压强度(MPa)</td><td rowspan="2">单块抗压强度最小值(MPa)</td></tr>
<tr><td>a</td><td>b</td></tr>
<tr><td rowspan="6"></td><td rowspan="6"></td><td>1</td><td></td><td></td><td></td><td></td><td></td><td rowspan="6"></td><td rowspan="6"></td></tr>
<tr><td>2</td><td></td><td></td><td></td><td></td><td></td></tr>
<tr><td>3</td><td></td><td></td><td></td><td></td><td></td></tr>
<tr><td>4</td><td></td><td></td><td></td><td></td><td></td></tr>
<tr><td>5</td><td></td><td></td><td></td><td></td><td></td></tr>
<tr><td>6</td><td></td><td></td><td></td><td></td><td></td></tr>
</table>

(3)结论

根据国家规定，该批砂浆强度等级为：＿＿＿＿＿＿＿＿＿＿＿＿＿＿＿

练习题

1. 为了改善砂浆的和易性和节约水泥，常常在砂浆中掺入适量的＿＿、＿＿、＿＿或制成混合砂浆。
2. 砂浆的和易性包括＿＿和＿＿，分别用指标＿＿和＿＿表示。
3. 测定砂浆强度的标准试件是＿＿ mm 的立方体试件，在＿＿条件下养护＿＿ d，测定其＿＿强度，据此确定砂浆的强度等级。
4. 抹面砂浆一般分底层、中层和面层三层进行施工，其中底层起着＿＿的作用，中层起着＿＿的作用，面层起着＿＿的作用。
5. 建筑砂浆凝结时间，以＿＿为评定依据。
6. 建筑砂浆的和易性包括哪些方面？如何测定？
7. 影响砌筑砂浆强度的主要因素有哪些？如何影响？

练习题答案

1. 石灰膏　黏土膏　粉煤灰
2. 流动性　保水性　沉入度　分层度
3. 70.7　28　抗压
4. 黏结　找平　平整装饰
5. 贯入阻力达到 0.5 MPa
6. 建筑砂浆的和易性包括流动性和保水性。表示砂浆流动性大小的指标是沉入度，它是以砂浆稠度仪测定的，其单位为 mm。砂浆的保水性用砂浆分层度仪测定，以分层度(mm)表示。
7. 砂浆的强度除受砂浆本身的组成材料及配比影响外，还与基层的吸水性能有关。对于不吸水基层(如致密石材)，这时影响砂浆强度的主要因素与混凝土基本相同，即主要决定于水泥强度和水灰比。对于吸水基层(如黏土砖及其他多孔材料)，这时由于基层能吸水，当其吸水后，砂浆中保留水分的多少取决于其本身的保水性，而与水灰比关系不大。因而，此时砂浆强度主要决定于水泥强度及水泥用量。

第4章

建筑钢材性能的检测

学习目标

1)掌握建筑钢材的机械性能、冷加工时效的原理、目的及应用,熟悉钢材可焊性、冲击韧性等,熟悉钢材的化学成分与钢材性能的关系,了解钢材的冶炼和分类、硬度、耐疲劳性等性质。

2)掌握常用建筑钢材的性能,熟悉钢材的锈蚀及防止方法。

3)学会建筑钢材的拉伸性能、冷弯性能的检测方法。

相关理论知识

知识点一　钢的冶炼及钢的分类

1.冶炼

将铁矿石在化铁炉内熔化,并以碳还原其中的氧化铁得到的铁。铁中含有较多的碳以及其他杂质(锰、硅、硫、磷等),将含碳量为2.06%～6.67%的铁碳合金称为生铁,生铁性质硬脆。钢是将生铁在炼钢炉内熔炼,除去其中大部分碳和杂质,使含碳量控制在2.06%以下的铁碳合金。

根据炼钢设备的不同,建筑钢材的冶炼方法分为氧气转炉法、平炉法、电炉三种,炼出的钢液除部分直接浇筑成钢铸件外,大多数是先浇筑成钢锭,然后再加工成各种型材。按钢冶炼过程脱氧程度的不同可分为沸腾钢(F)、半镇静钢(b)、镇静钢(Z)及特殊镇静钢(TZ)。

2.分类

按化学成分,钢分为碳素钢和合金钢。碳素钢根据含碳量又可分为低碳钢(含碳小于0.25%)、中碳钢(含碳0.25%～0.6%)和高碳钢(含碳大于0.6%)。合金钢按合金元素的总含量可分为低合金钢(合金元素总含量小于5%)、中合金钢(合金元素总含量为5%～10%)和高合金钢(合金元素总含量大于10%)。

1)根据钢中有害杂质的多少,工业用钢可分为普通钢、优质钢和高级优质钢。

2)根据用途的不同,工业用钢常分为结构钢、工具钢和特殊性能钢。

3)建筑上所用的主要是属碳素结构钢的低碳钢和普通钢的低合金结构钢。

4)建筑钢材有钢结构用型钢(圆钢、角钢、工字钢)、钢板和钢管,以及钢筋混凝土用的钢筋和钢丝。钢材材质均匀,性能可靠,强度高,具有一定的可塑性、韧性,能承受较大的冲击荷载和振动荷载,可焊接、铆接、螺栓连接,便于装配。由各种型材组成的钢结构,安全性大,自重轻,适用于重型工业厂房、大跨结构、可移动结构,及高耸结构与高层建筑等。但钢材也存在易锈蚀,维护费用大,耐火性差的缺点。

知识点二　钢材的冲击韧性

1. 冲击韧性的含义

冲击韧性为钢材抵抗冲击荷载的能力,用冲击韧性指标 α_k 表示,α_k 越大,钢材韧性越好。

2. 冲击韧性对钢材性能的影响

钢材的冲击韧性对钢的化学成分、组织状态,以及冶炼、轧制质量都较敏感。

试验表明,冲击韧性随温度的降低而下降,其规律是开始下降缓和,当达到一定温度范围时,突然下降很多而呈脆性,这种性质称为钢材的冷脆性;这时的温度称为脆性临界温度。它的数值愈低,钢材的低温冲击性能愈好。所以在负温下使用的结构,应当选用脆性临界温度较使用温度为低的钢材。由于脆性临界温度的测定工作较复杂,规范中通常是根据气温条件规定−20℃或−40℃的负温冲击值指标。

随时间的延长而表现出强度提高,塑性和冲击韧性下降,这种现象称为时效。因时效而导致性能改变的程度称为时效敏感性。时效敏感性愈大的钢材,经过时效以后其冲击韧性的降低愈显著。为了保证安全,对于承受动荷载的重要结构,应当选用时效敏感性小的钢材。

知识点三　钢材的耐疲劳性

1. 耐疲劳性的含义

在交变应力作用下的结构构件,钢材往往在应力远小于抗拉强度时发生断裂,这种现象称为钢材的疲劳破坏。疲劳破坏的危险应力用疲劳极限来表示,它是指疲劳试验中试件在交变应力作用下,于规定的周期基数内不发生断裂所能承受的最大应力。设计承受反复荷载且须进行疲劳验算的结构时,应当了解所用钢材的疲劳极限。

2. 耐疲劳性的测定

测定疲劳极限时,应当根据结构使用条件确定采用的应力循环类型、应力比值(最小与最大应力之比,又称应力特征值 ρ)和周期基数。例如,测定钢筋的疲劳极限时,通常采用的是承受大小改变的拉应力循环;应力比值通常为 0.1～0.8(非预应力筋)和 0.7～0.85(预应力筋);周期基数一般为 200 万次或 400 万次以上。

钢材的疲劳极限与其抗拉强度有关，一般抗拉强度高，其疲劳极限也较高。

知识点四　钢材的硬度

1. 硬度的含义

钢材的硬度指其表面局部体积内，抵抗外物压入产生塑性变形的能力。

2. 硬度的测定

测定钢材硬度的方法常用布氏法和洛氏法。布氏法的测定原理，是利用直径为D(mm)的淬火钢球，以P(N)的荷载将其压入试件表面，经规定的持续时间后卸除荷载，即得直径为d(mm)的压痕，以压痕表面积F(mm^2)除荷载P，所得的应力值即为试件的布氏硬度值HB，以数字表示，不带单位。见图4-1。

各类钢材的HB值与抗拉强度σ_b之间有较好的相关关系。对于碳素钢，当HB<175时，$\sigma_b=3.6$ HB；当HB>175时，$\sigma_b=3.5$ HB。根据这一关系，我们可以直接在钢结构上测出钢材的HB值，并估算出该钢材的σ_b。

洛氏法测定的原理与布氏法相似，但它根据压头压入试件的深度来表示硬度值，洛氏法压痕很小，常用于判定工件的热处理效果。

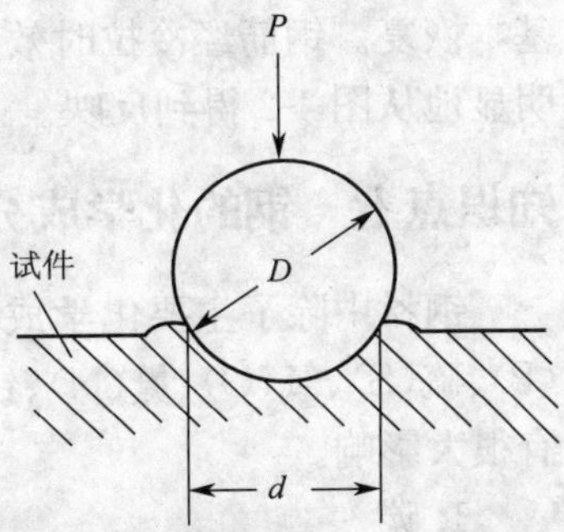

图4-1　布氏法测定钢材硬度示意图

知识点五　钢材的可焊性

1. 可焊性的意义

焊接是各种型钢、钢板、钢筋的重要连接方式。建筑工程的钢结构有90%以上是焊接结构。焊接结构质量取决于焊接工艺、焊接材料及钢材本身的焊接性能，焊接性能好的钢材，焊口处不易形成裂纹、气孔、夹渣等缺陷；焊接后的焊头牢固，硬脆倾向小，特别是强度不低于原有钢材。

2. 可焊性的影响因素

钢的可焊性主要受化学成分的影响。当C>0.3%，或含有较多S时，可焊性差。可焊性差的钢，要采取特殊焊接工艺来保证焊接质量。

3. 钢筋焊接应注意的问题

冷拉钢筋的焊接应在冷拉之前进行；焊接部位应清除铁锈、熔渣、油污等；应尽量避免不同国家的进口钢筋之间与国产钢筋之间的焊接。

知识点六　钢材的冷加工强化

1. 冷加工强化的含义

将钢材于常温下进行冷拉、冷拔或冷轧，使产生塑性变形，从而提高屈服强度，这个过程称为冷加工强化处理。

工地或预制构件厂常利用这一原理，对钢筋或低碳钢盘条按一定制度进行冷拉或冷拔加工，以提高屈服强度节约钢材。

2. 时效

将经过冷拉的钢筋于常温下存放 15～20 d；或加热到 100 ℃～200 ℃并保持一定时间。这个过程称为时效处理，前者称为自然时效，后者称为人工时效。

冷拉以后再经时效处理的钢筋，其屈服点进一步提高，抗拉极限强度稍见增长，塑性继续有所降低。由于时效过程中内应力的消减，故弹性模量可基本恢复。钢筋经冷拉时效后性能变化的规律，可明显地从图 4-2 得到反映。

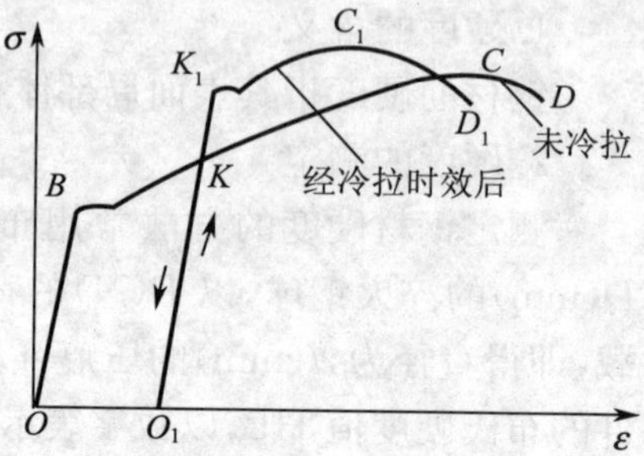

图 4-2　钢筋经冷拉时效后应力一应变图的变化

知识点七　钢的化学成分对钢材性能的影响

钢材中除了主要化学成分铁(Fe)以外，还含有少量的碳(C)、硅(Si)、锰(Mn)、磷(P)、硫(S)、氧(O)、氮(N)、钛(Ti)、钒(V)等元素，这些元素虽然含量少，但对钢材性能有很大影响。

1. 碳

碳是决定钢材性能的最重要元素。当钢中含碳量在 0.8%以下时，随着含碳量的增加，钢材的强度和硬度提高，而塑性和韧性降低；但当含碳量在 1.0%以上时，随着含碳量的增加，钢材的强度反而下降。随着含碳量的增加，钢材的焊接性能变差(含碳量大于 0.3%的钢材，可焊性显著下降)，冷脆性和时效敏感性增大，耐大气锈蚀性下降(图 4-3)。

一般工程所用碳素钢均为低碳钢，即含碳量小于 0.25%；工程所用低合金钢，其含碳量小于 0.52%。

2. 硅

硅是作为脱氧剂而存在于钢中，是钢中的有益元素。硅在钢中除少量呈非金属夹杂物外，大部分溶于铁素体中。当含量较低(小于 1%)时，可提高钢材的强度，对塑性和韧性影响不明显。硅是我国钢筋用钢材中的主加合金元素。

3. 锰

锰是炼钢时用来脱氧去硫而存在于钢中的，是钢中的有益元素。锰溶于铁素体中。锰能消减硫和氧所引起的热脆性，使钢材的热加工性质改善。锰溶于铁素体中使其强化，使强度提高。锰是我国低合金结构钢的主加合金元素，含量一般在 1%～2%范围内。

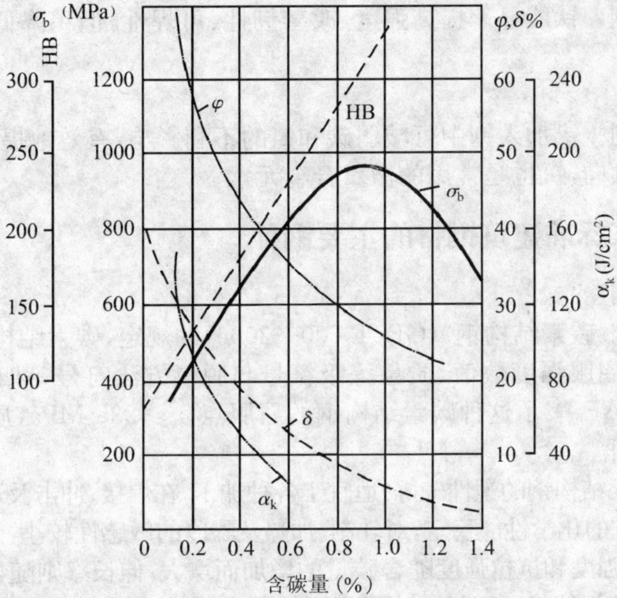

图 4-3　含碳量对热轧碳素钢性质的影响

σ_b—抗拉强度；α_k—冲击韧性；HB—硬度；δ—伸长率；φ—面积缩减率

4. 磷

磷是碳钢中的有害杂质。随着磷含量的增加，钢材的强度、屈强比、硬度均提高，而塑性和韧性显著降低。特别是温度愈低，对塑性和韧性的影响愈大，显著加大钢材的冷脆性。磷使钢材变脆的作用，使它显著降低钢材的可焊性。

磷可提高钢的耐磨性和耐蚀性，在低合金钢中可配合其他元素作为合金元素使用。

5. 硫

硫是很有害的元素。呈非金属的硫化物夹杂物存在于钢中，降低各种机械性能。硫化物所造成的低熔点使钢在焊接时易于产生热裂纹，显著降低可焊性。硫亦有强烈的偏析作用，增加了危害性。

6. 氧

氧是钢中的有害杂质，主要存在于非金属夹杂物内。随着氧含量的增加，钢材的强度有所提高，但塑性特别是韧性显著降低。氧有促进时效倾向的作用。氧化物所造成的低熔点亦使钢的可焊性变坏。

7. 氮

氮对钢材性能的影响与碳、磷相似，随着氮含量的增加，可使钢材的强度提高，塑性特别是韧性显著降低，可焊性变差，冷脆性加剧。氮在铝、铌、钒等元素的配合下可以减少其不利影响，改善钢材性能，可作为低合金钢的合金元素使用。

8. 钛

钛是强脱氧剂。钛能显著提高强度,改善韧性、可焊性,但稍降低塑性。钛是常用的微量合金元素。

9. 钒

钒是弱脱氧剂。钒加入钢中可减弱碳和氮的不利影响,有效地提高强度,但有时也会增加焊接淬硬倾向,钒也是常用的微量合金元素。

知识点八　国家标准建筑钢材的主要钢种

1. 碳素结构钢

根据国家标准《碳素结构钢》(GB/T 700—2006)的规定,碳素结构钢的牌号由代表屈服强度字母 Q、屈服强度数值、质量等级符号与脱氧方法符号等四个部分按顺序组成。例如 Q235—AF,表示这种碳素结构钢的屈服点 $\sigma_s \geqslant 235$ MPa,质量等级为 A 级,脱氧程度为沸腾钢。

一般而言,碳素结构钢的塑性较好,适宜于各种加工,在焊接、冲击及适当超载的情况下也不会突然破坏,它的化学性能稳定,对轧制、加热及骤冷的敏感性较小,因而常用于建筑结构。碳素钢的屈服强度和抗拉强度随含碳量的增加而增大,伸长率则随含碳量的增加而下降。其中 Q235 综合性能好,所以是结构常用的牌号(用它轧制各种型钢、钢板、钢管)。

碳素钢选用应根据荷载类型、焊接与非焊接结构、环境温度等条件确定。

2. 低合金高强度结构钢

在碳素结构钢的基础上加入总量小于 5%的合金元素即成低合金高强度结构钢。

根据国家标准《低合金高强度结构钢》(GB/T 1591—2008)的规定,共有 5 个牌号,所加元素主要有锰、硅、钒、钛、铌、铬、镍及稀土元素。

低合金钢具有较高的强度,较好的塑性、韧性和可焊性。因此,它是综合性能较为理想的建筑钢材,尤其是大跨度、承受动荷载和冲击荷载的结构物中更为适用。

知识点九　常用建筑钢材

1. 热轧钢筋

钢筋按外形分为光圆钢筋和带肋钢筋。光圆钢筋的横截面为圆形,且表面光滑。带肋钢筋表面上有两条对称的纵肋和沿长度方向均匀分布的横肋。

横肋的纵横面呈月牙形且与纵肋不相交的钢筋称为月牙肋钢筋;横肋的纵横面高度相等且与纵肋相交的钢筋称为等高肋钢筋(图 4-4)。

(1)热轧钢筋的牌号表示方法与技术要求

根据《钢筋混凝土用钢第 1 部分:热轧光圆钢筋》(GB 1499. 1—2008)及《钢筋混凝土用钢第 2 部分:热轧带肋钢筋》(GB 1499. 2—2007)的规定,热轧直条光圆钢筋的强度等级代号为 HPB235,其力学性能和工艺性能应符合表 4-1 要求。热轧带肋钢筋的牌号由 HRB 和屈服点最小值表示。热轧带肋钢筋有 HRB335、HRB400、HRB500 三个牌号,其力学性能和工艺性能应符合表 4-2 和表 4-3 的要求。

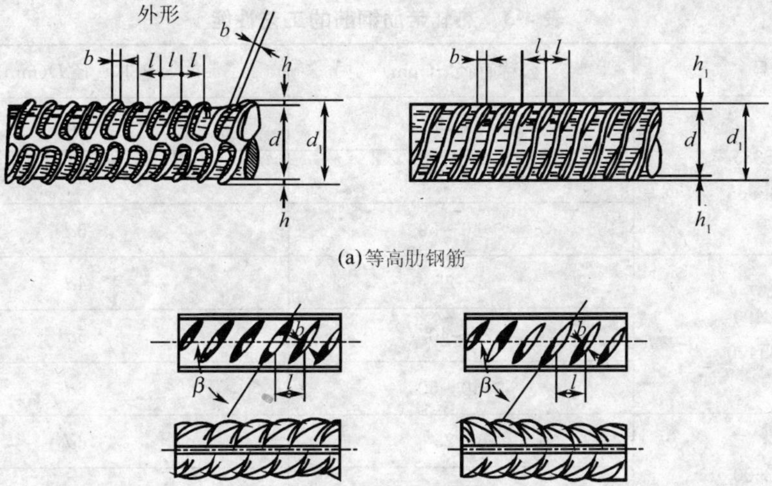

(a) 等高肋钢筋

(b) 月牙肋钢筋

图 4-4　热轧钢筋示意图

表 4-1　热轧钢筋的力学性能和工艺性能

牌号	R_{eL} (MPa)	R_m (MPa)	A (%)	A_{gt} (%)	冷弯试验 180° d—弯芯直径 a—钢筋公称直径
	≥				
HPB235	235	370	25.0	10.0	$d=a$
HPB300	300	420			

表 4-2　热轧带肋钢筋的力学性能

牌号	R_{eL} (MPa)	R_m (MPa)	A (%)	A_{gt} (%)
	≥			
HRB335 HRBF335	335	455	17	7.5
HRB400 HRBF400	400	540	16	
HRB500 HRBF500	500	630	15	

表 4-3 热轧带肋钢筋的工艺性能

牌号	公称直径 d(mm)	弯芯直径 D(mm)
HRB335 HRBF335	6～25	$3d$
	28～40	$4d$
	>40～50	$5d$
HRB400 HRBF400	6～25	$4d$
	28～40	$5d$
	>40～50	$6d$
HRB500 HRBF500	6～25	$6d$
	28～40	$7d$
	>40～50	$8d$

(2)热轧钢筋的应用

热轧光圆钢筋的强度较低，但塑性及焊接性能很好，便于各种冷加工，因而广泛用作普通钢筋混凝土构件的受力筋及各种钢筋混凝土结构的构造筋；HRB335 和 HRB400 钢筋强度较高，塑性和焊接性能也较好，故广泛用作大、中型钢筋混凝土结构的受力钢筋；HRB500 钢筋强度高，但塑性和焊接性能较差，可用作预应力钢筋。

2. 冷轧带肋钢筋

冷轧带肋钢筋是低碳钢热轧圆盘条经冷轧后，在其表面带有沿长度方向均匀分布的三面或两面横肋的钢筋。

(1)冷轧带肋钢筋的牌号表示方法与技术要求

根据《冷轧带肋钢筋》(GB 13788—2008)的规定，冷轧带肋钢筋的牌号由 CRB 和抗拉强度最小值表示，有 CRB550、CRB650、CRB800、CRB970 四个牌号，其力学性能和工艺性能应符合表 4-4 的规定。

(2)冷轧带肋钢筋的应用

冷轧带肋钢筋既具有冷拉钢筋强度高的特点，同时又具有很强的握裹力，混凝土对冷轧带肋钢筋的握裹力是同直径冷拔低碳钢丝的 3～6 倍，大大提高了构件的整体强度和抗震能力。这种钢筋适用于中、小型预应力混凝土结构构件和普通钢筋混凝土结构构件。

表 4-4　冷轧带肋钢筋的力学性能和工艺性能

牌号	$R_{p0.2}$ (MPa) ≥	R_m(MPa) ≥	伸长率(%) ≥		弯曲试验 180°	反复弯曲次数	应力松弛 初始应力应相当于公称抗拉强度的 70%
			$A_{11.3}$	A_{100}			1 000 h 松弛率 (%)≤
CRB550	500	550	8.0	—	$D=3d$	—	—
CRB650	585	650	—	4.0	—	3	8
CRB800	720	800	—	4.0	—	3	8
CRB970	875	970	—	4.0	—	3	8

注：表中 D 为弯芯直径，d 为钢筋公称直径。

3. 预应力混凝土用钢棒

根据《预应力混凝土用钢棒》(GB/T 5223.5—2005)的规定，钢棒分为：光圆钢棒、螺旋槽钢棒、螺旋肋钢棒、带肋钢棒，其性能见表 4-5 和表 4-6。

表 4-5　预应力混凝土用钢棒伸长特性要求

延性级别	最大力总伸长率，A_{gt}(%)	断后伸长率($L_0=8\ d_n$)A(%)≥
延性 35	3.5	7.0
延性 25	2.5	5.0

注 1. 日常检验可用断后伸长率，仲裁试验以最大力总伸长率为准。

2. 最大力伸长率标距 $L_0=200$ mm。

3. 断后伸长率标距 L_0 为钢棒公称直径的 8 倍，$L_0=8\ d_n$。

表 4-6　预应力混凝土用钢棒最大松弛值

初始应力为公称抗拉强度的百分数(%)	1 000 h 松弛值(%)	
	普通松弛(N)	低松弛(L)
70	4.0	2.0
60	2.0	1.0
80	9.0	4.5

4. 冷拔低碳钢丝

用直径 6.5 mm 或 8 mm 的碳素结构钢热轧盘条，在常温下经冷拔工艺拔制而成的直径为 3 mm、4 mm 或 5 mm 的圆截面钢丝，称为冷拔低碳钢丝。

建筑用冷拔低碳钢丝按力学性能分为甲、乙两级。甲级钢丝主要用于小型预应力构件；乙级钢丝一般用于焊接或绑扎骨架、网片或箍筋。

5. 预应力钢丝、刻痕钢丝和钢绞线

以优质高碳钢圆盘条经等温淬火并拔制而成。预应力钢丝的直径为 2.5～5 mm，抗拉强度为 1 500～1 900 MPa。参见图 4-5 和图 4-6。

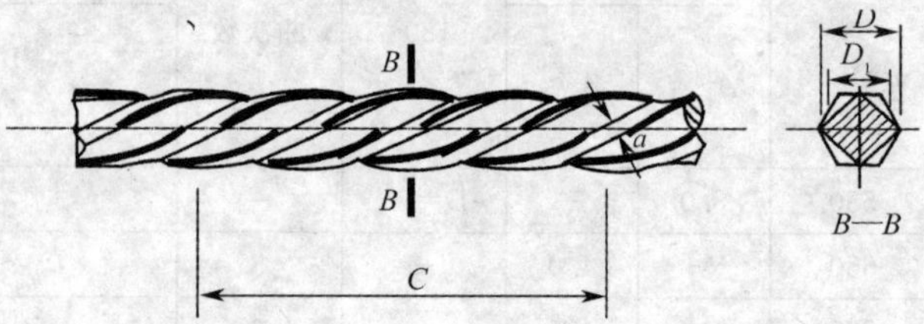

图 4-5　螺旋肋钢丝外形示意图

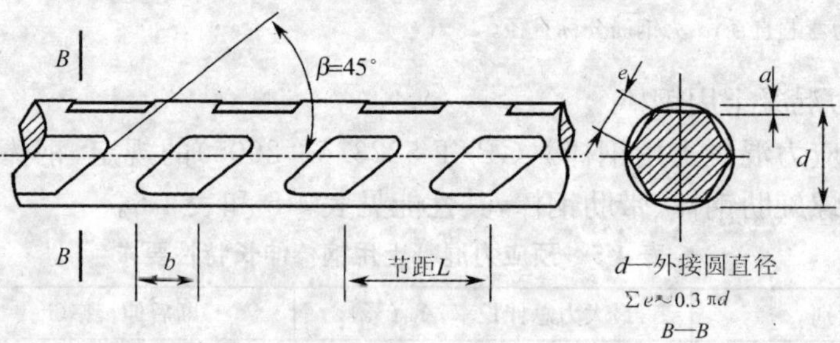

图 4-6　三面刻痕钢丝外形示意图

若将预应力钢丝经辊压出规律性凹痕，以增强与混凝土的黏结，则成刻痕钢丝。以一根钢丝为芯、6 根钢丝围绕其周围绞合在一起，即成 7 股的钢绞线(图 4-7)。

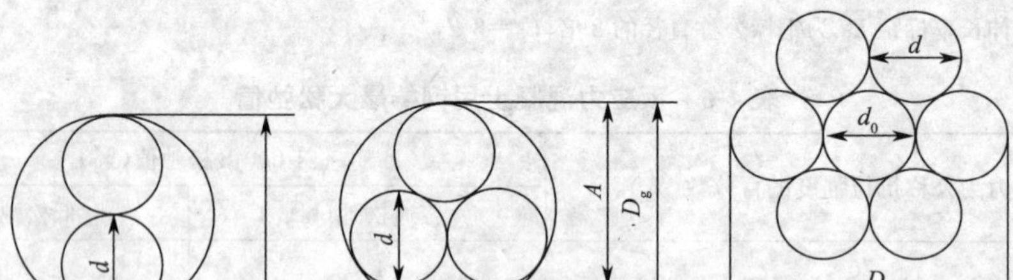

图 4-7　钢绞线示意图

预应力钢丝、刻痕钢丝和钢绞线适用于大荷载、大跨度及曲线配筋的预应力混凝土结构。

6. 型钢

钢结构构件一般应直接选用各种型钢。构件之间可直接连接或附以连接钢板进行连接。型钢有热轧型钢、冷弯薄壁型钢、钢板和压型钢板、轻钢龙骨。

知识点十　建筑钢材的锈蚀及防止

1. 建筑钢材的锈蚀的含义

钢材的锈蚀指其表面与周围介质发生化学反应而遭到的破坏。锈蚀可发生于许多引起锈蚀的介质中，如湿润空气、土壤、工业废气等，温度提高，锈蚀加速。

根据钢材表面与周围介质的不同作用，锈蚀可分为化学锈蚀、电化学锈蚀两类。

2. 建筑钢材锈蚀的防止

钢结构防止锈蚀的方法通常是采用表面刷漆。常用底漆有红丹、环氧富锌漆、铁红环氧底漆等，面漆有灰铅油、醇酸磁漆、酚醛磁漆等。薄壁钢材可采用热浸镀锌或镀锌后加涂塑料涂层。

混凝土配筋的防锈，主要是通过限制水灰比和水泥用量，加强施工管理，以保证混凝土的密实性，保证足够的保护层厚度以及限制氯盐外加剂的掺用量等方法进行。除此之外，还有掺用防锈剂（加重铬酸盐等）的方法，国外也有采用钢筋镀锌、镀镉或镀镍等方法。

任务一　钢材拉伸性能检测

【学习目标】

1）学会测定低碳钢的屈服强度、抗拉强度与伸长率的方法。

2）熟悉拉力与变形之间的变化规律，确定应力与应变之间的关系曲线，评定钢筋的强度等级。

【知识要点】

1. 钢材的强度

钢材强度可分为抗拉强度、抗压强度、弯曲强度和剪切强度等几种。通常以抗拉强度作为最基本的强度值。

2. 低碳钢的抗拉强度

（1）钢材拉伸经历的四个阶段（图 4-8）

从图 4-8 中可以看出，低碳钢受拉经历了四个阶段：弹性阶段、屈服阶段、强化阶段和颈缩阶段。

在钢材的应力应变曲线中存在几个重要的极限：比例极限、弹性极限（σ_p）、屈服极限（σ_s）、强度极限（σ_b）。屈服极限是结构设计中钢材强度的取值依据。

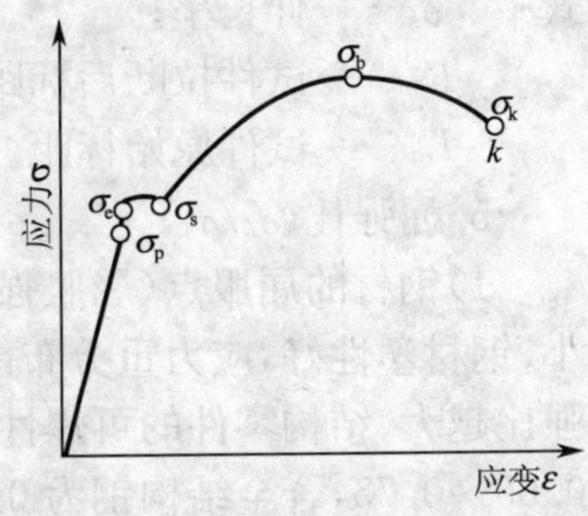

图 4-8　应力应变曲线图

（2）屈服点（屈服强度 σ_s）

1）钢材或试样在拉伸时，当应力超过弹性极限，即使应力不再增加，而钢材或试样仍继续发生明显的塑性变形，称此现象为屈服，而产生屈服现象时的最小应力值即为屈服点(屈服强度 σ_s)。

2)屈服强度($\sigma_{0.2}$)。有的金属材料的屈服点极不明显，在测量上有困难，因此为了衡量材料的屈服特性，规定产生永久残余塑性变形等于一定值(一般为原长度的0.2%)时的应力，称为条件屈服强度或简称屈服强度 $\sigma_{0.2}$。

3. 抗拉强度(σ_b)

材料在拉伸过程中，从开始到发生断裂时所达到的最大应力值。它表示钢材抵抗断裂的能力大小。

4. 伸长率(δ_s)

材料在拉断后，其塑性伸长的长度与原试样长度的百分比叫伸长率或延伸率(图 4-9)。伸长率表示钢材塑性的大小，是评定钢材质量的重要指标，计算公式见式(4-1)。

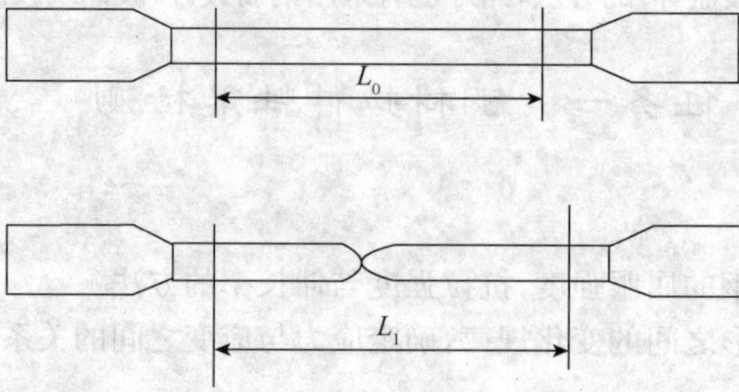

图 4-9　伸长率计算示意图

$$\delta_s = \frac{L_1 - L_0}{L_0} \times 100\% \tag{4-1}$$

式中　δ_s——伸长率；

L_1——试件拉断后标距；

L_0——试件原始标距。

5. 屈强比(σ_s/σ_b)

1)钢材的屈服点(屈服强度)与抗拉强度的比值，称为屈强比。钢材屈强比(σ_s/σ_b)小，钢材塑性好，应力重分布能力强，用于结构的安全性高，但屈强比过小，不经济。屈强比越大，结构零件的可焊性越高，一般碳素钢屈强比为 0.6～0.65，低合金结构钢为 0.65～0.75，合金结构钢为 0.84～0.86。

2) 屈服强度和抗拉强度的合理比值。

框架结构：纵向受力钢筋的强度应满足设计要求。当设计无具体要求时，对于一、二级抗震等级钢筋的抗拉强度实测值与屈服强度实测值的比值不应小于 1.25，钢筋屈服强度实测值与强度标准值的比值不应大于 1.3，其目的是为了保证在地震作用下，结构某些部位出现塑性铰以后，钢筋还具有足够多的变形能力。比值越小，能反映钢材受力超过屈服点工作的可靠性越大，所以结构的安全性也就越高。但比值太小的话，就说明钢材不能有效的、充分的利用，而造成钢材的浪费。建筑钢材合理的比值一般也就是 0.6～0.75。如果大于1.3，就会影响结构的安全使用，在地震的时候，它的节点处会很薄弱。

钢筋屈服以后虽然强度提高，但是由于屈服阶段钢筋的应力不增加而应变增加，因此变形或裂缝宽度已经很大了，影响正常使用。

屈服强度表示钢材的弹性变形，在这个范围内，钢材没有受到破坏，不是永久性变形。而屈服强度以上，钢材产生了塑性变形，强度次第降低，产生了永久性变形，直至破坏。

【任务要求】

对低碳钢进行拉伸试验，观察屈服极限和强度极限，完成试验报告见表 4-8。

【主要仪器】

游标卡尺（图 4-10）、万能材料试验机（图 4-11）。

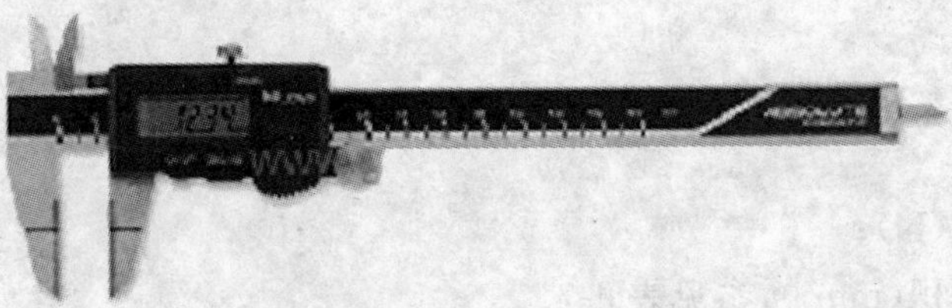

图 4-10　游标卡尺

图 4-11　万能材料试验机

【检测步骤】

1）试件制作和准备：抗拉试验用钢筋试件不得进行车削加工，可以用两个或一系列等分小冲点或细画线标出原始标距（标记不应影响试样断裂），测量标距长度 L（精确至 0.1 mm）。

2）加载前，测力指针应指在度盘的“零”点，否则必须加以调整。调整时，先开动油泵电动机，将活动平台升起 3～5 mm 左右，然后稍旋动摆杆上的平衡铊，使摆杆保持铅直位置，再转动水平齿条使指针对准“零”点。其所以先升起活动平台才调整零点的原因，是上横梁、活动立柱和活动平台等有相当大的质量，要有一定的油压才能将它升起。

但是这部分油压并未用来给试件加载，不应反映到试件载荷的读数中去。

3)选择量程，装上相应的锤重。再一次按“2)”的方法，校准“零”点。调好回油缓冲器的旋钮，使之与所选的量程相同。

4)安装试样。压缩试件必须放置垫板。拉伸试件则须调整下夹头位置，使拉伸区间与试样长短适应。注意试样夹紧后，绝对不允许再调整下夹头，否则会造成烧毁下夹头电动机的严重事故。

5)调整好自动绘图仪的传动装置和笔、纸等。

6)检查送油、回油阀，一定要注意它们均应在关闭位置。

7)开动油泵电动机，缓缓打开送油阀，用慢速均匀加载，至试件拉断为止。

8)实验完毕，立即停车取下试样。这时关闭送油阀，缓慢打开回油阀，使油液泄回油箱，于是活动平台回到原始位置。最后将一切机构复原，并清理机器。

9)结果计算：

①屈服点强度计算：

$$\sigma_s = F_s/A \tag{4-2}$$

式中 σ_s——屈服点强度(MPa)；σ_s＞1 000 MPa 时，应计算至 10 MPa；σ_s 为 200～1 000 MPa时，应计算至 5 MPa；$\sigma_s \ll 200$ MPa 时，应计算至1 MPa；小数点数字应按“四舍六入五单双法”处理；

F_s——屈服点荷载(N)；

A——试样原最小横截面面积(mm^2)。

②抗拉强度计算：

$$\sigma_b = F_b/A \tag{4-3}$$

式中 σ_b——抗拉强度(MPa)；

F_b——试样拉断后最大荷载(N)；

A——试样原最小横截面面积(mm^2)，参见表 4-7。

表 4-7 钢筋的公称横截面面积

公称直径(mm)	公称横截面面积(mm^2)	公称直径(mm)	公称横截面面积(mm^2)
8	50.27	22	380.1
10	78.54	25	490.9
12	113.1	28	615.8
14	153.9	32	804.2
16	201.1	36	1081
18	254.5	40	1257
20	314.2	50	1964

【注意事项】

1)开车前和停车后,送油阀、回油阀一定要在关闭位置。加载、卸载和回油均应缓慢进行。加载时要求测力指针匀速平稳地走动,应严防送油阀开得过大,测力指针走动太快,致使试件受到冲击作用。

2)拉伸试件夹住后,不得再调整下夹头的位置,以使带动下夹头升降的电动机烧坏。

3)机器运转时,操纵者必须集中注意力,中途不得离开,以免发生安全事故。

4)试验过程中,不得触动摆锤,以免影响试验读数。

5)在使用机器的过程中,如果听到异声或发生任何故障应立即停车(切断电源),进行检查和修复。

表 4-8　钢材拉伸试验报告

试验日期:__________ 气温/室温:__________ 湿度:__________

(1)实验仪器

____

(2)试验记录

钢材类型:______________________

钢筋拉伸试验记录表

<table>
<tr><td rowspan="6">屈服点和抗拉强度测定</td><td rowspan="2">公称直径(mm)</td><td rowspan="2">截面面积(mm^2)</td><td rowspan="2">屈服荷载(N)</td><td rowspan="2">极限荷载(N)</td><td colspan="2">屈服点 σ_s(MPa)</td><td colspan="2">抗拉强度 σ_b(MPa)</td></tr>
<tr><td>测定值</td><td>平均值</td><td>测定值</td><td>平均值</td></tr>
<tr><td></td><td></td><td></td><td></td><td></td><td rowspan="4"></td><td></td><td rowspan="4"></td></tr>
<tr><td></td><td></td><td></td><td></td><td></td><td></td></tr>
<tr><td></td><td></td><td></td><td></td><td></td><td></td></tr>
<tr><td></td><td></td><td></td><td></td><td></td><td></td></tr>
<tr><td rowspan="5">伸长率测定</td><td rowspan="2">公称直径(mm)</td><td rowspan="2">原始标距长度(mm)</td><td rowspan="2">拉断后标距长度(mm)</td><td rowspan="2">拉伸长度(mm)</td><td colspan="4">伸长率(%)</td></tr>
<tr><td colspan="2">测定值</td><td colspan="2">平均值</td></tr>
<tr><td></td><td></td><td></td><td></td><td colspan="2"></td><td colspan="2" rowspan="3"></td></tr>
<tr><td></td><td></td><td></td><td></td><td colspan="2"></td></tr>
<tr><td></td><td></td><td></td><td></td><td colspan="2"></td></tr>
</table>

(3)实验小结

____

____

任务二　钢材冷弯性能检测

【学习目标】

学会测定钢筋在冷加工时的弯曲变形能力，判断其缺陷情况，评定钢筋质量是否合格。

【知识要点】

1. 钢材冷弯性能的含义和测定方法

1)冷弯性能是指钢材在常温下承受弯曲变形的能力，是建筑钢材的重要工艺性能。

2)钢材的冷弯性能指标是用弯曲角度和弯心直径对试件厚度(直径)的比值来衡量的。试验时采用的弯曲角度越大，弯心直径对试件厚度(直径)的比值越小，表示对冷弯性能的要求越高，见图 4-12。

3)钢材的冷弯性能和伸长率都是塑性变形能力的反映。

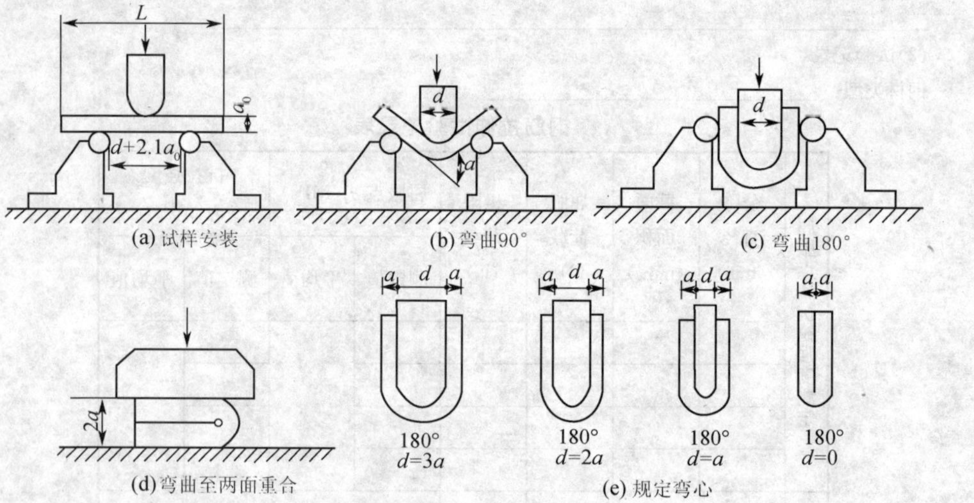

图 4-12　钢材冷弯过程

2. 冷弯性能不良的原因和预防措施

冷弯性能不良的原因：钢筋含碳量过高，或其他化学成分含量不合适，引起塑性性能偏低；钢筋轧制有缺陷，如表面有裂缝、结疤或折叠。

预防措施：通过出厂证明书或试验报告单以及钢筋外观检查，一般无法预先发现钢筋冷弯性能优劣，因此，只有通过冷弯试验说明该性能不合格时才能确定冷弯性能不良，在这种情况下，应通过供料单位告知钢筋生产厂引起注意。

【任务要求】

对每批钢筋中的任选两根钢筋取试样做冷弯试验，完成试验报告见表 4-9。

【主要仪器】

压力机或万能试验机，具有不同直径的弯心。

【检测步骤】

1)钢筋冷弯试件不得进行车削加工，试样长度通常按式(4-4)确定：

$$L \approx 5a + 150(\mathrm{mm}) \tag{4-4}$$

式中　a——试件原始直径

2)半导向弯曲：试样一端固定，绕弯心直径进行弯曲，试样弯曲到规定的弯曲角度或出现裂纹、裂缝或断裂为止。

3)导向弯曲：

①试样放置于两个支点上，将一定直径的弯心在试样两个支点中间施加压力，使试样弯曲到规定的角度见图4-12(b)，出现裂纹、裂缝、断裂为止。

②试样在两个支点上按一定弯心直径弯曲至两臂平行时，可一次完成试验，亦可先弯曲到图4-12(c)的状态，然后放置在试验机平板之间继续施加压力，压至试样两臂平行。此时可以加与弯心直径相同尺寸的衬垫进行试验。当试样需要弯曲至两臂接触见图4-12(d)。

③试验应在平稳压力作用下，缓慢施加试验压力。两支辊间距离为$(d+2.5a)\pm0.5a$，并且在试验过程中不允许有变化。

④试验应在10 ℃～35 ℃或控制条件(23±5)℃下进行。

⑤试验结果评定：弯曲后，按有关标准规定检查试样弯曲外表面，进行结果评定。若无裂纹、裂缝或裂断，则评定试样合格。

【注意事项】

1)按规定作冷弯试验，即在每批钢筋中任选两根钢筋，切取两个试件作冷弯试验，其结果有一个试样不合格。另取双倍数量的试件再做冷弯试验，如果试验结果合格，钢筋可正常使用；如果仍有一个试样的试验结果不合格，则该批钢筋不予验收，应退货。

2)试验应在10 ℃～35 ℃或控制条件(23±5) ℃下进行。

表4-9　钢材冷弯试验报告

试验日期：__________气温/室温：__________ 湿度：__________

(1)主要仪器设备及规格型号：______________________________

(2)试验记录

钢材类型：______________________________

钢材冷弯性能试验记录表

试件编号	钢材型号	钢材直径(mm)	冷弯角度	弯心直径与钢材直径的比值	冷弯后钢材的表面状况	冷弯性能是否合格
1						
2						

(3)实验小结

____

____

练习题

1. 钢的屈强比是指____，其值____反映钢的安全可靠度越好。
2. 在低碳钢拉伸性能实验过程中，在____阶段既产生弹性变形，又产生塑性变形。
3. ____和____是衡量钢材强度的两个重要指标。
4. 钢材热处理的工艺有：____、正火、____、____。
5. 按冶炼时脱氧程度分类，钢可以分成：____、____、____和特殊镇静钢。
6. 从一批钢筋中抽样，并截取两根钢筋做拉伸试验，测得如下结果：屈服下限荷载分别为 42.4 kN、42.8 kN；抗拉极限荷载分别为 62.0 kN、63.4 kN，钢筋公称直径为 12 mm，标距为 60 mm，拉断时长度分别为 70.6 mm 和 71.4 mm，评定其级别？说明其利用率及使用中安全可靠程度如何？
7. 为什么说屈服点(σ_s)、抗拉强度(σ_b)和伸长率(δ)是建筑工程用钢的重要技术性能指标？
8. 简述碳元素对钢材基本组织和性能的影响规律。
9. 碳素结构钢是如何划分牌号的？
10. 何谓钢的冷加工强化及时效处理？冷拉并时效处理后的钢筋性能有何变化？

练习题答案

1. 钢材的屈服强度/钢材的极限破坏强度　越大
2. 屈服
3. 屈服强度　抗拉强度
4. 退火　淬火　回火
5. 沸腾钢　半镇静钢　镇静钢
6. 钢筋试样屈服点为

$$\sigma_{s1}=\frac{P}{A}=\frac{42.4\times10^3}{\pi\times6^2}=375\ \text{MPa}$$

$$\sigma_{s2}=\frac{P}{A}=\frac{42.8\times10^3}{\pi\times6^2}=378\ \text{MPa}$$

$$\sigma_s=\frac{378+375}{2}=376.5\ \text{MPa}$$

钢筋试样抗拉强度为：

$$\sigma_1=\frac{62.0\times10^3}{113.1}=548$$

$$\sigma_2=\frac{63.4\times10^3}{113.1}=561$$

$$\sigma_b=(548+561)\div2=555\ \text{N/mm}^2$$

钢筋试样伸长率为：

$$\delta_1=\frac{70.6-60}{60}\times100\%=17.7\%$$

$$\delta_2=\frac{71.4-60}{60}\times100\%=19.0\%$$

$$\delta=(17.7+19.0)\div2=18.4\%$$

钢筋试样伸长率均大于 16%，故该钢筋为 HRB335 级钢。

该钢筋的屈强比为：

$$\sigma_s/\sigma_b=376.5/555=0.68$$

该 HRB335 级钢筋的屈强比在 0.65～0.75 范围内，表明其利用率较高，使用中安全可靠度较好。

7. 屈服点(σ_s)是结构设计时取值的依据，表示钢材在正常工作时承受应力不超过 σ_s 值；屈服点与抗拉强度的比值(σ_s/σ_b)称为屈强比。它反映钢材的利用率和使用中安全可靠程度；伸长率(δ)表示钢材的塑性变形能力。钢材在使用中，为避免正常受力时在缺陷处产生应力集中发生脆断，要求其塑性良好，即具有一定的伸长率，可以使缺陷处应力超过 σ_s 时，随着发生塑性变形使应力重分布，而避免结构物的破坏。

8. 碳素钢中基本组织的相对含量与其含C量关系密切，当含C量小于0.8%时，钢的基本组织由铁素体和珠光体组成，其间随着含C量提高，铁素体逐渐减少而珠光体逐渐增多，钢材则随之强度、硬度逐渐提高而塑性、韧性逐渐降低。当含C量为0.8%时，钢的基本组织仅为珠光体。当含C量大于0.8%时，钢的基本组织由珠光体和渗碳体组成，此后随含C量增加，珠光体逐渐减少而渗碳体相对渐增，从而使钢的硬度逐渐增大而塑性、韧性逐渐减小，且强度下降。
9. 碳素结构钢的牌号按顺序由代表屈服点的字母(Q)、屈服点数值(N/mm^2)、质量等级符号(A、B、C、D)、脱氧程度符号(F、B、Z、TZ)等四部分组成。
10. 在常温下将钢材进行机械加工，使其产生塑性变形，以提高其屈服强度的过程称为冷加工强化。机械加工方法主要是对钢筋进行冷拉和冷拔。冷轧主要在钢厂进行。时效处理是将经过冷加工的钢材，在常温下存放15～20 d，或者加热到100 ℃～200 ℃，并保持2 h以内，这个过程称为时效处理。常温放置称为自然时效，加热处理称为人工时效。冷拉并时效处理后的钢筋，其屈服点提高20%～25%，抗拉强度也有提高，塑性和韧性降低较大，弹性模量基本恢复。

第 5 章

墙体材料性能的检测

学习目标

1)掌握砌墙砖的组成、构造和用途。

2)掌握砌墙砖的技术指标,学会砌墙砖的检测方法。

3)熟悉混凝土砌块的种类、作用、组成、构造和特点,了解轻型墙板、混凝土大型墙板等新型墙体材料。

相关理论知识

知识点一　烧结普通砖

墙体材料外形多为直角六面体,具有一定的抗压和抗折强度。

砌墙砖按孔洞率分为:普通砖、多孔砖、空心砖。按制造工艺分为:烧结砖、蒸养(压)砖、免烧(蒸)砖。

1. 烧结普通砖概述

以黏土、页岩、煤矸石、粉煤灰为主要原材料,经成型、干燥、焙烧而成的实心砖或空洞率不大于15%,尺寸为240 mm×115 mm×53 mm的直角六面体块材。

黏土质材料在一定温度下,其中的铝硅酸盐矿物部分熔融,冷却后将其余矿物颗粒黏结成一体,保持砖坯的形体,并具有一定的物理、力学性能。这一工艺称为“烧结”或“焙烧”。烧结普通砖俗称标准砖、实心砖等。

烧结普通砖的表观密度在1 600～1 800 kg/m^{3}之间;吸水率一般为6%～18%;导热系数约为0.55 W/(m·K)左右。

2. 烧结普通砖的尺寸偏差与外观质量要求

国家标准《烧结普通砖》(GB 5101—2003)中对烧结普通砖的尺寸偏差、外观质量、强度等级、抗风化性质等主要技术性能指标均作了具体规定。强度和抗风化性能合格的砖,根据尺寸偏差、外观质量、泛霜和石灰爆裂分为优等品(A)、一等品(B)、合格品

(C)三个产品等级。

烧结普通砖的公称尺寸为 240 mm×115 mm×53 mm，若加上砌筑灰缝厚约 10 mm，则 4 块砖长、8 块砖宽或 16 块砖厚约 1 m，因此，每 1 m^3 砖砌体需砖 4×8×16=512 块。砖的尺寸允许有一定偏差，见表 5-1。

砖的外观质量主要要求其两条面高度差、弯曲、杂质凸出高度、缺楞掉角尺寸、裂纹长度及完整面等六项内容符合规范规定。

表 5-1 烧结普通砖尺寸允许偏差 (单位：mm)

公称尺寸	优等品		一等品		合格品	
	样本平均偏差	样本极差 ≤	样本平均偏差	样本极差 ≤	样本平均偏差	样本级差 ≤
240	±2.0	8	±2.5	8	±3.0	8
115	±1.5	6	±2.0	6	±2.5	7
53	±1.5	4	±1.6	5	±2.0	6

3. 抗风化性能

抗风化性能是指砖在长期受到风、雨、冻融等综合条件下，抵抗破坏的能力。凡开口孔隙率小、水饱和系数小的烧结制品，抗风化能力强。

砖的抗风化性能与砖的使用寿命密切相关，抗风化性能好的砖其使用寿命长，砖的抗风化性能除与砖本身性质有关外，与所处的环境风化指数有关。

国家标准《烧结普通砖》(GB 5101—2003)中规定，严重风化区中的黑龙江、吉林、辽宁、内蒙古、新疆等五省、区必须进行冻融试验，其他地区用砖可用沸煮吸水率与饱和系数指标表示其抗风化性能。

4. 烧结普通砖的缺陷指标

当生产烧结砖的原料中含有有害杂质或生产工艺不当时，均可造成烧结砖的质量缺陷，影响砖的耐久性。

(1)泛霜

当生产烧结砖的原料中含有可溶性无机盐时，会隐含在成品烧结砖的内部，砖吸水后再次干燥时，水分会向外迁移，这些可溶性盐随水渗到砖的表面，水分蒸发后便留下白色粉末状的盐，形成白霜，这就是泛霜现象。

泛霜严重时，由于大量盐类的溶出和结晶膨胀会造成砖砌体表面粉化及剥落，内部孔隙率增大，抗冻性显著下降。国家标准规定优等砖不得有泛霜现象，合格砖不得严重泛霜。

(2)石灰爆裂

有时生产烧结砖的原料中夹有石灰石等杂物，经焙烧后砖内形成了颗粒状的石灰块等物质。处于干燥条件下时，这些杂质不会影响砖的性能，一旦吸水后，就会产生局部体积膨胀，导致砖体开裂甚至崩溃。石灰爆裂不仅造成砖体的外观缺陷和强度降低，还可能造成对砌体的严重危害。对于优等品砖，不允许出现最大破坏尺寸大于 2 mm 的爆裂区域；对于合格品砖，要求不允许出现破坏尺寸大于 15 mm 的爆裂区域。

(3)欠火砖与过火砖

烧结砖的形成是砖坯经高温焙烧，使部分物质熔融，冷凝后将未经熔融的颗粒黏结在一起成为整体。当焙烧温度不足时，熔融物太少，难以充满砖体内部，黏结不牢，这种砖称为欠火砖。欠火砖孔隙率大，强度低，抗冻性差，外观颜色较浅，为有缺陷砖。

当焙烧温度过高时，砖内熔融物过多，造成高温下的砖体变软，此时砖在点支撑下易产生弯曲变形，这种砖为过火砖。它也属于有缺陷砖。欠火砖与过火砖均为不合格产品。

5. 烧结普通砖的应用

烧结普通砖具有一定的强度，较好的耐久性，可用于砌筑承重或非承重的内外墙、柱、拱、沟道及基础等。优等品砖可用于清水墙建筑，合格品砖可用于混水墙建筑。中等泛霜的砖不能用于潮湿部位。

烧结普通砖就地取材，价格便宜，经久耐用，还有防火、隔热、隔声、吸潮等优点。但是用土太多，质量太大，不符合现代建筑的轻质高强的要求，不利于环保，正在逐步淘汰。

知识点二　烧结多孔砖

1. 烧结多孔砖主要技术性质

是以黏土、页岩、煤矸石等为主要原料，经焙烧而成。

烧结多孔砖通常指砖内孔径不大于 22 mm，孔洞率不小于 15％的烧结砖。外形尺寸可为长度(L) 290 mm、240 mm、190 mm，宽度(B) 240 mm、190 mm、180 mm、175 mm、140 mm、115 mm，高度(H)90 mm 的不同组合而成。

烧结多孔砖内的孔洞尺寸小而数量多，孔洞分布在大面尚且均匀合理，非孔部分砖体较密实，所以强度较高。工程中使用时常以孔洞垂直于承压面，以充分利用砖的抗压强度。烧结多孔砖根据 10 块的抗压强度分为 MU30、MU25、MU20、MU15、MU10 五个强度等级。强度、抗风化性能合格的砖，根据尺寸偏差、外观质量、孔型及孔洞排列、泛霜、石灰爆裂、吸水率分为优等品(A)、一等品(B)和合格品(C)3 个产品等级。

2. 多孔砖的应用优点

虽然多孔砖具有一定的孔洞率，使砖受压时有效受压面积减小，但因制坯时受较大的压力，使砖孔壁致密程度提高，且对原材料要求也较高，这就补偿了因有效面积减少而造成的强度损失，故烧结多孔砖的强度仍较高，常被用于砌筑 6 层以下的承重墙。

与普通黏土砖相比较，有以下优点：

1）自重轻，减轻了基础的负载，易于地基处理。

2）可降低造价，同等相比民用建筑可降低 3.06％。

3）具有抗压强度高，抗风化，热阻大，隔音好，装饰性好等特点。

4）可节省砂浆 65％～70％。

知识点三　烧结空心砖

1. 烧结空心砖主要技术性质

烧结空心砖是以黏土、页岩、煤矸石、粉煤灰等为主要原料，经焙烧而成。烧结空心砖为顶面有孔洞的直角六面体，孔大而少，孔洞为矩形条孔或其他孔形、平行于大面和条面。

根据国家标准《烧结空心砖和空心砌块》（GB 13545—2003）规定，砖和砌块的长、宽、高尺寸应符合下列要求：390 mm、290 mm、240 mm、190 mm、180（175） mm、140 mm、115 mm、90 mm（也可由供需双方商定）。按砖和砌块的表现密度分成 800、900、1 000、1 100 四个体积密度级别；根据抗压强度分为 MU10.0、MU7.5、MU5.0、MU3.5、MU2.5 五个强度等级（表 5-2）。强度、密度、抗风化性能和放射性物质合格的砖和砌块根据尺寸偏差、外观质量、孔洞排列及其结构、泛霜、石灰爆裂、吸水率分为优等品（A）、一等品（B）、合格品（C）三个质量等级。

2. 烧结空心砖的应用优点

烧结空心砖，孔洞率一般在 35％以上，表观密度在 800～1 100 kg/m^3 之间，自重较轻，强度不高，因而多用作非承重墙，如多层建筑内隔墙或框架结构的填充墙等。

空心砖可节省黏土，节省能源，且砖的自重轻、热工性能好，使用空心砖和空心砌块，既可提高建筑施工效率，降低造价，还可减轻墙体自重，改善墙体的热工性能等。

表 5-2　烧结空心砖和空心砌块的强度等级

强度等级	抗压强度（MPa）			密度等级范围（kg/m^3）
	抗压强度平均值（$\bar{f}$）≥	变异系数 δ≤0.21	变异系数 δ>0.21	
		抗压强度标准值 f_x≥	单块最小抗压强度值 f_{min}≥	
MU10.0	10.0	7.0	8.0	≤1 100
MU7.5	7.5	5.0	5.8	
MU5.0	5.0	3.5	4.0	
MU3.5	3.5	2.5	2.8	≤800
MU2.5	2.5	1.6	1.8	

知识点四 蒸养(压)砖

蒸养(压)砖以石灰和含硅材料(砂子、粉煤灰、煤矸石、炉渣和页岩等)加水拌和,经压制成型、蒸气养护或蒸压养护而成。

1. 灰砂砖(又称蒸压灰砂砖)

灰砂砖是由磨细生石灰或消石灰粉、天然砂和水按一定配比,经搅拌混合、陈伏、加压成型,再经蒸压(一般温度为175 ℃～203 ℃、压力为0.8～1.6 MPa的饱和蒸气)养护而成。

实心灰砂砖的规格尺寸与烧结普通砖相同,其表观密度为1 800～1 900 kg/m^3,导热系数约为0.61 W(m·K)。国家标准《蒸压灰砂砖》(GB 11945—1999)规定,按砖的尺寸偏差、外观质量、强度及抗冻性分为优等品、一等品、合格品。按砖浸水24 h后的抗压强度和抗折强度分为MU25、MU20、MU15、MU10四个等级。MU25、MU20、MU15的砖可用于基础及其他建筑;MU10的砖仅可用于防潮层以上的建筑。

灰砂砖应避免用于长期受热高于200 ℃、受急冷急热交替作用或有酸性介质侵蚀的建筑部位。此外,砖中的氢氧化钙等组分会被流水冲失,所以灰砂砖不能用于有流水冲刷的地方。

灰砂砖的表面光滑,与砂浆黏结力差,砌筑时灰砂砖的含水率会影响砖与砂浆的黏结力,所以,应使砖含水率控制在7%～12%。砌筑砂浆宜用混合砂浆。

2. 粉煤灰砖

粉煤灰砖是以粉煤灰、石灰为主要原料,掺加适量石膏和骨料经坯料制备、压制成型、常压或高压蒸气养护而成。

按建材行业标准《粉煤灰砖》(JC 239—2001)规定,根据砖的抗压强度和折折强度分为MU30、MU25、MU20、MU15、MU10五个强度等级。根据砖的按砖尺寸偏差、外观质量、强度等级、干燥收缩分为优等品(A)、一等品(B)、合格品(C)。优等品的强度等级应不低于15级。

粉煤灰砖是深灰色,表观密度为1 550 kg/m^3 左右。粉煤灰砖可用于工业与民用建筑的墙体和基础,使用于基础或易受冻融和干湿交替作用的建筑部位必须使用一等品或优等品。粉煤灰砖不得用于长期受热(200 ℃以上),受急冷、急热和有酸性介质侵蚀的建筑部位。

3. 煤渣砖

煤渣砖又名炉渣砖,是以煤燃烧后的炉渣为主要原料,加入适量石灰、石膏(或电石渣、粉煤灰)和水搅拌均匀,并经陈伏、轮碾、成型、蒸气养护而成。

炉渣砖呈黑灰色,表观密度一般为1 500～1 800 kg/m^3,吸水率6%～18%。炉渣砖按抗压强度和抗折强度分为MU20、MU15、MU10三个强度等级。按外观质量及物理性能分为一等、二等两个产品级别。

炉渣砖可用于一般工程的内墙和非承重外墙。其他使用要点与灰砂砖、粉煤灰砖相似。

知识点五　墙用砌块

砌块是用于砌筑的人造块材，外形多为直角六面体，也有各种异形的。

砌块按规格大小分为大砌块（主规格的高度大于 980 mm）、中砌块（主规格的高度为 380～980 mm）、小砌块（主规格的高度大于 115 mm 而又小于 380 mm）。目前，我国以中小型砌块使用较多。

砌块按其空心率大小分为空心砌块和实心砌块两种。实心砌块空心率小于 25%或无孔洞，空心砌块空心率等于或大于 25%。

砌块按其所用主要原料及生产工艺分为水泥混凝土砌块、粉煤灰硅酸盐混凝土砌块、石膏砌块、烧结砌块等。

1. 混凝土小型空心砌块

混凝土小型空心砌块是由水泥、粗细骨料加水搅拌，经装模、振动（或加压振动或冲压）成型，并经养护而成。其粗、细骨料可用普通碎石或卵石、砂子，也可用轻骨料（如陶粒、煤渣、煤矸石、火山渣、浮石等）及轻砂。

混凝土小型空心砌块分为承重砌块和非承重砌块两类。按其外观质量分为一等品和二等品两个产品等级。按砌块的抗压强度分为 15.0、10.0、7.5、5.0、3.5 五个等级。

按相对含水率分为 M 和 P 两种级别，P 级无相对含水率要求。按其是否要求抗渗性指标分为 S 和 Q 两级，Q 级表示无抗渗要求。

混凝土砌块的导热系数随混凝土材料及孔型和空心率的不同而有差异。普通水泥混凝土小型空心砌块，空心率为 50%时，其导热系数约为 0.26 W/(m·K)左右。

混凝土小型空心砌块可用于低层和中层建筑的内墙和外墙。

这种砌块在砌筑时一般不宜浇水，但在气候特别干燥炎热时，可在砌筑前稍喷水湿润。砌筑时尽量采用主规格砌块，并应先清除砌块表面污物和砌块孔洞的底部毛边。采用反砌（即砌块底面朝上），砌块之间应对孔错缝砌筑。

2. 粉煤灰硅酸盐中型砌块

粉煤灰硅酸盐砌块简称粉煤灰砌块。粉煤灰中型砌块是以粉煤灰、石灰、石膏和骨料等为原料，经加水搅拌、振动成型、蒸气养护而制成的密实砌块。通常采用炉渣作为砌块的骨料。粉煤灰砌块原材料组成间的互相作用及蒸养后所形成的主要水化产物等与粉煤灰蒸养砖相似。

粉煤灰砌块主规格外形尺寸为 880 mm×380 mm×240 mm 及 880 mm×430 mm×240 mm。砌块的强度等级按其立方体试件的抗压强度分为 10 级和 13 级两个强度等级；砌块按其外观质量、尺寸偏差和干缩性能分为一等品(B)和合格品(C)两个产品等级。粉煤灰硅酸盐砌块的表观密度为 1 300～1 550 kg/m³，导热系数为 0.465～0.582 W/(m·K)。

粉煤灰砌块可用于一般工业和民用建筑的墙体和基础。但不宜用于有酸性介质侵蚀的建筑部位，也不宜用于经常处于高温影响下的建筑物。常温施工时，砌块应提前浇水湿润；冬期施工时砌块不得浇水湿润。粉煤灰砌块的墙体内外表面宜作粉刷或其他饰面，以改善隔热、隔声性能并防止外墙渗漏，提高耐久性。

3. 蒸压加气混凝土砌块

蒸压加气混凝土砌块是以钙质材料和硅质材料以及加气剂、少量调节剂，经配料、搅拌、浇筑成型、切割和蒸压养护而成的多孔轻质块体材料。原料中的钙质材料和硅质材料可分别采用石灰、水泥、矿渣、粉煤灰、砂等。根据所采用的主要原料不同，加气混凝土砌块也相应有水泥－矿渣－砂；水泥－石灰－砂；水泥－石灰－粉煤灰三种。

砌块的规格一般有 a、b 两个系列，其公称尺寸见表 5-3。砌块按外观质量、尺寸偏差分为优等品(A)、一等品(B)、合格品(C)三个产品等级。按砌块抗压强度分 10、25、35、50、75 五个强度等级。按表观密度分 03、04、05、06、07、08 六个级别。

表 5-3　蒸压加气混凝土砌块规格

项　目	a系列	b系列
长度(mm)	600	600
高度(mm)	200,250,300	240,300
宽度(mm)	75,100,125,150,175,200…(以 25 递增)	60,120,180,240…(以 60 递增)

砌块具有轻质、保温隔热、隔声、耐火、可加工性能好等特点。加气混凝土砌块的表观密度小，一般仅为黏土砖的 1/3，作为墙体材料，可使建筑物自重减轻 2/5～1/2，从而降低造价；其导热系数为 0.14～0.28 W/(m·K)，用作墙体可降低建筑物的采暖、制冷等使用能耗。

加气混凝土砌块可用于一般建筑物的墙体，可作多层建筑的承重墙和非承重外墙及内隔墙，也可用于屋面保温。加气混凝土砌块不得用于建筑物基础和处于浸水、高湿和有化学侵蚀的环境(如强酸、强碱或高浓度二氧化碳)中，也不能用于承重制品表面温度高于 80 ℃的建筑部位。

知识点六　墙用板材

1. 石膏板

石膏板在我国轻质墙板的使用中占有很大比重，石膏板有纸面石膏板、无面纸纤维石膏板、装饰石膏板、石膏空心条板等多种。其中纸面石膏板又有普通纸面石膏板、耐水纸面石膏板、耐火纸面石膏板等三种。

普通纸面石膏板是以建筑石膏为主要原料，加入适量纤维类增强材料以及少量外加剂，经加水搅拌成料浆，浇筑在行进中的纸面上，成型后再覆以上层面纸，再经固化、切割、烘干、切边而成。

纸面石膏板与其他石膏制品一样具有质轻、表面平整、易加工装配、施工简便等特点。此外，还具有调湿、隔声（12 mm 厚的板，隔声量为 28 dB，若与矿棉等组成复合板，隔声量可达 48 dB）、隔热（石膏板导热系数低，一般为 0.194～0.209 W/(m·K)）、防火等多种功能。

普通纸面石膏板可用于一般工程的内隔墙、墙体复面板、天花板和预制石膏板复合隔墙板。在厨房、厕所以及空气相对湿度经常大于 70%的潮湿环境中使用时，必须采取相应的防潮措施。

耐水纸面石膏板可用于相对湿度大于 75%的浴室、厕所、盥洗室等潮湿环境下的吊顶和隔墙，如表面再做防水处理，效果更好。

耐火纸面石膏板主要用于对防火有较高要求的房屋建筑中。

纸面石膏板可与石膏龙骨或轻钢龙骨共同组成隔墙。这类墙体可大幅度减少建筑物自重，增加建筑的使用面积，提高建筑物中房间布局的灵活性；提高抗震性；缩短施工周期等。

2. 纤维增强水泥平板（TK 板）

TK 板是以低碱水泥、中碱玻璃纤维和短石棉为原料，加水混合制浆，经圆网机抄取、制坯、蒸养而成。

TK 板具有质轻（表观密度为 1 750 kg/m^3 左右）、强度高（加压板抗折强度为 15 MPa；抗冲击强度≥0.25 J/cm^2）、防火（6 mm 板双面复合墙耐火极限为 47 min）、防潮、不易变形和可锯、可钻、可钉、可表面装饰等优点。

TK 板适用于各类建筑物，特别是高层建筑有防火、防潮要求的隔墙。

3. GRC 空心轻质墙板

GRC 空心轻质墙板是以低碱水泥为胶结料、抗碱玻璃纤维网格布为增强材料、膨胀珍珠岩为骨料（也可用炉渣、粉煤灰等），并配以起泡剂和防水剂等，经配料、搅拌、浇筑、成型、养护而成。

GRC 空心轻质墙板具有质轻（60 mm 厚板 35 kg/m^2）、强度高（抗折荷载，60 mm 厚的板大于 1 400 N；120 mm 厚的板大于 2 500 N）、隔热（导热系数≤0.2 W/(m·K)）、隔声（隔声指数为 30～45 dB）、不燃（耐火极限 1.3～3 h）以及加工方便等优点。

GRC 空心轻质墙板主要用于工业和民用建筑的内隔墙。

4. 预应力混凝土空心墙板（简称预应力空心墙板）

预应力混凝土空心墙板是以高强度低松弛预应力钢绞线、525号早强水泥及砂、石为原料，经张拉、搅拌、挤压、养护、放张、切割而成。使用时按要求可配以泡沫聚苯乙烯保温层、外饰面层和防水层等。

预应力空心墙板可用于承重或非承重外墙板、内墙板、楼板、屋面板、雨罩和阳台板等。

5. 钢丝网水泥夹芯板

钢丝网水泥夹芯板是以钢丝制成不同的三维空间结构以承受荷载，选用发泡聚苯乙烯或半硬质岩棉板或玻纤板为保温芯材而制成的一类轻型复合板材。如泰柏板、钢丝网架夹芯板、GY板、舒乐合板、3维板、3D板、万力板等等。

这类板的特点是耐久性好、施工速度较快、易于异形造型。

轻型复合板除上述的钢丝网水泥夹芯板外，还有用各种高强度轻质薄板为外层、轻质绝热材料为芯材而组成的复合板。外层板材可用彩色镀锌钢板、铝合金板、不锈钢板、高压水泥板、木质装饰板、塑料装饰板及其他无机材料、有机材料合成的板材。轻质绝热芯材可用阻燃型发泡聚苯乙烯、发泡聚氨酯、岩棉和玻璃棉等。这类板的共同特点是质轻、隔热、隔声性能好且外形多变、色彩丰富。

任务一　普通砖的强度检测

【学习目标】

1）通过对普通砖砌体受压试验，了解其破坏过程，验证其承载力公式。

2）进一步学习静载试验中常用仪器设备的使用方法。

【知识要点】

烧结普通砖强度应符合规定。强度实验按照实验进行，抽取10块砖试样进行抗压强度试验，根据试验结果，按平均值—标准值方法（变异系数$\delta \leqslant 0.21$时）或平均值—最小值方法（变异系数$\delta > 0.21$时）评定砖的强度等级（表5-4）。

表5-4　烧结普通砖强度等级划分规定

强度等级	抗压强度（MPa）		
	抗压强度平均值 $\bar{f} \geqslant$	变异系数 $\delta \leqslant 0.21$	变异系数 $\delta > 0.21$
		抗压强度标准值 $f_k \geqslant$	单块最小抗压强度值 $f_{min} \geqslant$
MU30	30.0	22.0	25.0
MU25	25.0	18.0	22.0
MU20	20.0	14.0	16.0
MU15	15.0	10.0	12.0
MU10	10.0	6.5	7.5

强度变异系数 δ 按式(5-1)计算：

$$\delta=\frac{S}{\overline{f}} \tag{5-1}$$

式中 δ——砖强度变异系数，精确 0.01 MPa；

S——10 块试样抗压强度标准差，精确至 0.01 MPa；

$\overline{f}$——10 块试样的抗压强度平均值，精确至 0.1 MPa。

标准差 S 按式(5-2)计算：

$$S=\sqrt{\frac{1}{9}\sum_{i=1}^{10}(f_i-\overline{f})^2} \tag{5-2}$$

式中 f_i——单块试样抗压强度测定值，精确至 0.01 MPa。

样本量 $n=10$ 时的强度标准值 f_k 按式(5-3)计算：

$$f_k=\overline{f}-1.8S \tag{5-3}$$

【任务要求】

进行普通砖的抗压强度实验，完成实验报告，见表 5-5。

【主要仪器】

压力试验机(图 5-1)等。

【检测步骤】

1. 取样

验收检验砖样的抽取应在供方堆场上，由供需双方人员会同进行。强度等级实验抽取砖样 10 块。

2. 试样制备

1)将砖样切断或锯成两个半截砖，断开的半截砖长不得小于 100 mm。如果不足 100 mm，应另取备用试样补足。

2)在试样制备平台上，将已断开的半截砖放入室温的净水中浸 10～20 min 后取出，并以断口相反方向叠放，两者中间用厚度不超过 5 mm 的水泥净浆黏结。水泥净浆采用强度等级为 32.5 MPa的普通硅酸盐水泥调制，要求稠度适宜。上下两面用厚度不超过 3 mm 的同种水泥净浆抹平。制成的试件上下两面须互相平行，并垂直于侧面，见图 5-2。

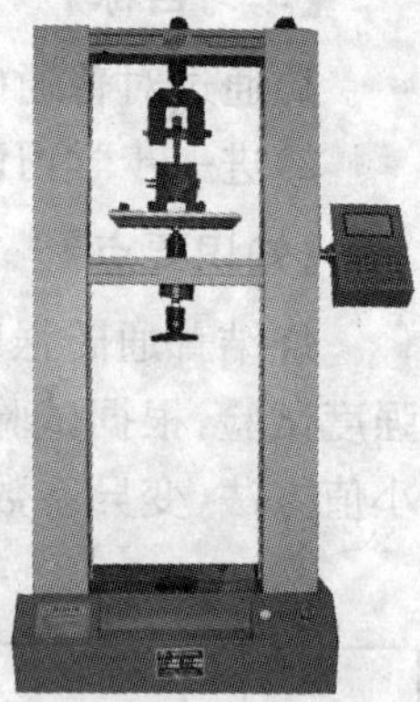

图 5-1　压力试验机

3. 抗压实验

1)测量每个试件连接面或受压面的长、宽尺寸各两个，分别取其平均值，精确至 1 mm。

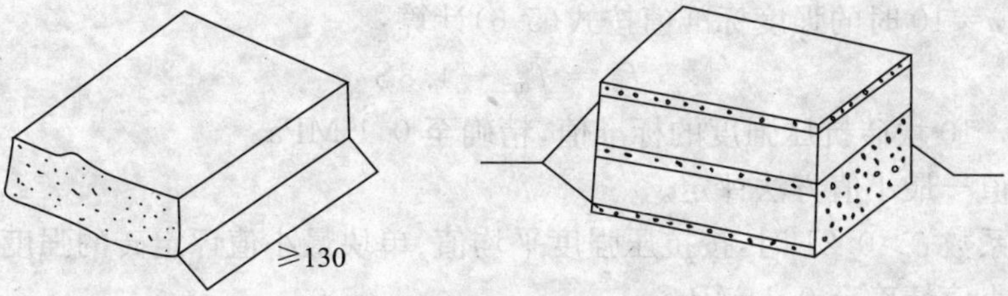

(a)半截砖尺寸要求　　　　(b)砖抗压试件示意图

图 5-2 试件尺寸要求

2)分别将 10 块试件平放在加压板的中央，垂直于受压面加荷，应均匀平稳，不得发生冲击或振动。加荷速度为(5±0.5)kN/s，直至试件破坏为止，分别记录最大破坏荷载 F(单位为 N)。

4. 实验结果评定

1)按照式(5-4)分别计算 10 块砖的抗压强度值，精确至 0.1 MPa。

$$f_{mc} = \frac{F}{LB} \tag{5-4}$$

式中 f_{mc}——抗压强度(MPa)；

F——最大破坏荷载(N)；

L——受压面(连接面)的长度(mm)；

B——受压面(连接面)的宽度(mm)。

2)按式(5-5)计算 10 块砖强度变异系数、抗压强度的平均值和标准值。

$$\delta = \frac{S}{\overline{f}_{mc}}$$

$$\overline{f}_{mc} = \sum_{i=1}^{10} f_{mc,i}$$

$$S = \sqrt{\frac{1}{9}\sum_{i=1}^{10}(f_{mc,i} - \overline{f}_{mc})^2} \tag{5-5}$$

式中 δ——砖强度变异系数，精确至 0.01 MPa；

$\overline{f}_{mc}$——10 块砖抗压强度的平均值，精确至 0.1 MPa；

S——10 块砖抗压强度的标准差，精确至 0.01 MPa；

$f_{mc,i}$——分别为 10 块砖的抗压强度值(i=1～10)，精确至 0.1 MPa。

3)强度等级评定。

①平均值—标准值方法评定。

当变异系数 $\delta \leqslant 0.21$ 时，按实际测定的砖抗压强度平均值和强度标准值，根据标准中强度等级规定的指标，评定砖的强度等级。

样本量 $n=10$ 时的强度标准值按式(5-6)计算：

$$f_k = \overline{f}_{mc} - 1.8S \tag{5-6}$$

式中 f_k——10块砖抗压强度的标准值，精确至0.1 MPa。

②平均值-最小值方法评定。

当变异系数 $\delta>0.21$ 时，按抗压强度平均值、单块最小值评定砖的强度等级。单块抗压强度最小值精确至0.1 MPa。

【注意事项】

验收检验砖样的抽取应在供方堆场上，由供需双方人员会同进行。

表5-5 普通砖的抗压强度实验

试验日期：__________ 气温/室温：__________ 湿度：__________

(1)实验仪器

____

(2)实验记录

普通黏土砖抗压强度记录表

试件编号	试样尺寸		受压面积	最大破坏荷载	抗压强度	抗压强度平均值	单块抗压强度最小值	强度标准值
	长度	宽度						
1								
2								
3								
4								
5								
6								
7								
8								
9								
10								

(3)结论

根据国家规定，该批黏土砖强度等级为：______________________________

任务二　混凝土小型砌块强度检测

【学习目标】

掌握混凝土小型砌块的抗压强度，通过检测抗压强度确定砌块的强度等级。

【知识要点】

混凝土小型砌块是用普通混凝土制成的小型空心砌块，其主要规格尺寸为390 mm×190 mm×190 mm。按国家规定砌块按抗压强度分为3.5、5.0、7.5、10.0和15.0五种强度等级。每组5个砌块，上下表面用水泥砂浆抹平，养护后进行抗压试验，以5个砌块的平均值和单块最小值确定砌块的强度等级。

【任务要求】

进行混凝土砌块的抗压强度检测，完成试验报告见表5-6。

【主要仪器】

压力试验机等。

【检测步骤】

1)试样制备。

①试件数量为5个砌块。

②处理试件的坐浆面和铺浆面，使之成为相互平行的平面。将钢板置于稳固的底座上，平整面向上，用水平尺调至水平。在钢板上先薄薄地涂一层机油，或铺一层湿纸，然后平铺一层1∶2的水泥砂浆，将试件的坐浆面湿润后平稳地压入砂浆层内，使砂浆层尽可能均匀，厚度为3～5 mm。将多余的砂浆沿试件棱边刮掉，静置24 h以后，再按上述方法处理试件的铺浆面。为使两面能彼此平行，在处理铺浆面时，应将水平尺置于现已向上的坐浆面上调至水平。在温度10 ℃以上不通风的室内养护3 d后做抗压强度试验。

③为缩短时间，也可在坐浆面砂浆层处理后，不经静置立即在向上的铺浆面上铺一层砂浆、压上事先涂油的玻璃平板，边压边观察砂浆层，将气泡全部排除，并用水平尺调至水平，直至砂浆层平而均匀，厚度达3～5 mm。

2)测量每个试件的长度和宽度，分别求出各个方向的平均值，精确到1 mm。

3)将试件置于试验机承压板上，使试件的轴线与试验机压板的压力中心重合，以10～30 kN/s的速度加荷，直至破坏为止，记录最大破坏荷载P。若试验机压板不足以覆盖试件受压面时，可在试件的上、下承压面加辅助钢压板。辅助钢压板的表面光洁度应与试验机原压板同，其厚度至少为原压板最远角距离的1/3。

4)结果处理。

①每个试件的抗压强度按公式(5-7)计算，精确到0.1 MPa。

$$f_q = \frac{P}{LB} \tag{5-7}$$

式中 f_q——试件的抗压强度(MPa)；

P——破坏荷载(N)；

L——受压面的长度(mm)；

B——受压面的宽度(mm)。

②试验结果以 5 个试件抗压强度的算术平均值和单块最小值表示，精确到 0.1 MPa。

【注意事项】

1)试件在温度 10 ℃以上不通风的室内养护 3 d。

2)试验结果以 5 个试件抗压强度的算术平均值和单块最小值表示，精确到 0.1 MPa。

3)试件受压面的控制。

表 5-6 混凝土小型砌块的抗压强度实验

试验日期：________气温/室温：________湿度：________

(1)实验仪器

____

(2)实验记录

混凝土小型砌块抗压强度记录表

试件编号	试样尺寸		受压面积	最大破坏荷载	抗压强度	抗压强度平均值	单块抗压强度最小值	强度标准值
	长度	宽度						
1								
2								
3								
4								
5								

(3)结论

根据国家规定，该批黏土砖强度等级为：________

练习题

1. 砌筑 1 m^2 二四墙需用普通黏土砖____块。

2. 烧结普通砖的外形为直角六面体，其标准尺寸为____。

3. 砌墙砖的主要品种有____、____、____和蒸压蒸养砖、碳化砖等。

4. 普通黏土砖评定强度等级的依据是____。

5. 某工程采购一批烧结普通砖，露天放置一段时间后，发现大量砖块开始自动碎裂，这种现象称为____，其原因是原材料中存在____成分。

6. 混凝土砌块具有____、____、____、____、可加工性能好等特点。

7. 何谓烧结普通砖的泛霜和石灰爆裂？它们对建筑物有何影响？

8. 如何识别欠火砖和过火砖？

9. 多孔砖与空心砖有何异同点？

10. 某烧结普通砖试验，10块砖样的抗压强度值分别为：14.2、21.1、9.5、22.9、13.3、18.8、18.2、18.2、19.8、19.8(MPa)，试确定该砖的强度等级。

练习题答案

1. 512
2. 240 mm×115 mm×53 mm
3. 烧结普通砖　烧结多孔砖　烧结空心砖
4. 平均值一标准值或平均值一最小值
5. 石灰爆裂　颗粒状的石灰块
6. 轻质　保温隔热　隔声　耐火
7. 泛霜是指黏土原料中的可溶性盐类(如硫酸钠等),随着砖内水分蒸发而在砖表面产生的盐析现象,一般为白色粉末,常在砖表面形成絮团状斑点。泛霜的砖用于建筑中的潮湿部位时,由于大量盐类的溶出和结晶膨胀会造成砖砌体表面粉化及剥落,内部孔隙率增大,抗冻性显著下降。

   当原料土中夹杂有石灰质时,则烧砖时将被烧成过烧的石灰留在砖中。石灰有时也由掺入的内燃料(煤渣)带入。这些石灰在砖体内吸水消化时产生体积膨胀,导致砖发生胀裂破坏,这种现象称为石灰爆裂。石灰爆裂对砖砌体影响较大,轻者影响外观,重者将使砖砌体强度降低直至破坏。砖中石灰质颗粒越大,含量越多,则对砖砌体强度影响越大。
8. 烧结砖的形成是砖坯经高温焙烧,使部分物质熔融,冷凝后将未经熔融的颗粒黏结在一起成为整体。当焙烧温度不足时,熔融物太少,难以充满砖体内部,黏结不牢,这种砖称为欠火砖。欠火砖,低温下焙烧,黏土颗粒间熔融物少,孔隙率大、强度低、吸水率大、耐久性差;过火砖由于烧成温度过高,产生软化变形,造成外形尺寸极不规整。欠火砖色浅、敲击时声哑,过火砖色较深、敲击时声清脆。
9. ①两种砖孔洞率要求均为等于或大于15%;

   ②多孔砖孔的尺寸小而数量多,空心砖孔的尺寸大而数量小;

   ③多孔砖常用于承重部位,空心砖常用于非承重部位。
10. 计算10块试样的抗压强度平均值为:

    $\bar{f}=\frac{1}{10}(14.2+21.1+9.5+22.9+13.3+18.8+18.2+18.2+19.8+19.8)\text{MPa}=17.6\ \text{MPa}$

    计算标准差 S:

    $$S=\sqrt{\frac{1}{9}\sum_{i=1}^{10}(f_i-\bar{f})^2}$$

    将单块试样抗压强度测定值 f_i 及 $\bar{f}$ 代入求得 $S=4.05$ MPa

    计算强度变异系数:因为变异系数 $\delta=0.23>0.21$

    单块最小抗压强度值 $f_{min}=9.5\geqslant 7.5$,查表该砖的强度等级为MU10。

第 6 章

防水材料性能的检测

学习目标

1)掌握石油沥青的组分与主要技术性质以及二者之间的关系,石油沥青的分类选用。

2)掌握煤沥青的组成与特性。

3)了解改性石油沥青的性能特点与常用品种,以及各种防水材料制品的性能特点和应用。

相关理论知识

知识点一　沥青概述

沥青属有机胶凝材料,它是由高分子碳氢化合物及其非金属(氧、氮、碳等)衍生物组成的极其复杂的混合物,在常温下呈固体、半固体或黏稠液体的形态。沥青具有以下特点:构造致密,具有良好的防水性;能抵抗一般酸、碱、盐类等侵蚀性液体和气体的侵蚀,具有较好的抗腐蚀性;与矿物材料表面有很好的黏结力;具有一定的塑性,能适应基材的变形。因此,在建筑工程上,沥青被广泛应用于防水、防潮、防腐工程及水工建筑与道路工程中。

沥青主要分为地沥青和焦油沥青,地沥青又分为天然沥青和石油沥青,焦油沥青分为煤沥青、木沥青、页岩沥青。

知识点二　石油沥青

石油沥青是以原油为原料,经过炼油厂常压蒸馏、减压蒸馏等提炼后,提取汽油、煤油、柴油、重柴油、润滑油等产品后得到的渣油,通常这些渣油属于低强度等级的慢凝液体沥青。

1. 石油沥青的组分

通常从使用角度出发，将沥青中按化学成分和物理力学性质相近的成分划分为若干个组，这些组就称为“组分”。石油沥青的组分及其主要物性如下。

(1)油分

油分为淡黄色至红褐色的油状液体，其分子量为100～500，密度为0.71～1.00 g/cm³。在石油沥青中，油分的含量为40％～60％。油分赋予沥青以流动性。

(2)树脂

树脂又称脂胶，为黄色至黑褐色半固体黏结物质，分子量600～1000，密度为1.0～1.1 g/cm³。中性树脂含量增加，石油沥青的延度和黏结力等性能越好。在石油沥青中，树脂的含量为15％～30％，它使石油沥青具有良好的塑性和黏结性。

(3)地沥青质

地沥青质为深褐色至黑色固态无定形的超细颗粒固体粉末，分子量为2 000～6 000，密度大于1.0 g/cm³。地沥青质是决定石油沥青温度敏感性和黏性的重要组分。沥青中地沥青质量在10％～30％，其含量越多，则软化点越高，黏性越大，也越硬脆。

石油沥青中还含2％～3％的沥青碳和似碳物(黑色固体粉末)，是石油沥青中分子量最大者，它会降低石油沥青的黏结力。石油沥青中还含有蜡，它会降低石油沥青的黏结性和塑性。同时对温度特别敏感(即温度稳定性差)。

石油沥青中的各组分是不稳定的。在阳光、空气、水等外界因素作用下，各组分之间会不断演变，油分、树脂会逐渐减少，地沥青质逐渐增多，这一演变过程称为沥青的老化。沥青老化后，其流动性、塑性变差，脆性增大，使沥青失去防水、防腐效能。

2. 石油沥青的结构

根据沥青中各组分的相对比例不同，胶体结构可分为溶胶型、凝胶型和溶凝胶型三种类型。

3. 石油沥青的技术性质

(1)黏滞性

指沥青在外力作用下抵抗变形或阻止塑性流动的能力。用黏度(液体沥青)和针入度(固体半固体)表示黏滞性。

(2)塑性

指沥青在外力作用下，产生变形而不破坏，当外力撤销，能保持所获得的变形的能力。用延度表示塑性。

(3)温度敏感性

指沥青的黏滞性和塑性随温度变化的性质。用软化点表示温度敏感性。

(4)大气稳定性(也称抗老化性)

指沥青长期在阳光，空气，温度等的综合作用下，性能稳定的程度。沥青在上述的这些因素综合作用下，逐渐失去黏性、塑性，而变脆变硬的现象称为沥青的老化。沥青的大气稳定性用蒸发前后的减量值及针入度比来表示。大气稳定性的好坏，反映了沥青的使用寿命的长短。大气稳定性好的沥青，耐老化，使用寿命长。

(5)闪点与燃点

闪点（也称闪火点）指沥青加热产生的可燃气体与空气的混合物；在规定的条件下与火焰接触，初次产生兰色闪光时的沥青温度。燃点（着火点）指沥青加热产生的可燃气体与空气的混合物，与火焰接触能维持燃烧 5 s 以上，此时沥青的温度就为燃点。燃点是沥青可持续燃烧的最低温度，燃点温度比闪点温度高约 10 ℃。

沥青的针入度、软化点和延度是划分沥青强度等级的主要依据，称为沥青的三大指标。

4. 石油沥青的分类、标准及选用

(1)石油沥青的分类与技术标准

石油沥青分道路石油沥青、建筑石油沥青、防水防潮石油沥青、普通石油沥青等四种（表 6-1）。

表 6-1　各品种石油沥青的技术标准

质量指标	道路石油沥青				建筑石油沥青				防水防潮石油沥青				普通石油沥青			
	200	180	140	100甲	100乙	60甲	60乙	30	10	3号	4号	5号	6号	75	65	55
针入度(25 ℃,100 g,1/10 mm)	201～300	161～200	121～160	91～120	81～120	51～80	41～80	25～40	10～25	25～45	20～40	20～40	30～50	75	65	55
延度(25 ℃),≥(cm)	—	100	100	90	60	70	40	3	1.5	—	—	—	—	2	1.5	1
软化点(环球法)(℃)	30～45	35～45	38～48	42～52	42～52	45～55	45～55	≥70	≥95	≥85	≥90	≥100	≥95	≥60	≥80	≥100
针入度指数,≥	—	—	—	—	—	—	—	—	—	3	4	5	6	—	—	—
溶解度(三氯乙烯,三氯甲烷或苯),≥(%)	99.0	99.0	99.0	99.0	99.0	99.0	99.0	99.5	99.5	98	98	95	92	98	98	98
蒸发损失(163 ℃,5 h),≤(%)	1	1	1	1	1	1	1	1	1	1	1	1	1	—	—	—
蒸发后针入度比,≥(%)	50	60	60	65	65	70	70	65	65	—	—	—	—	—	—	—
闪点(开口),≥(℃)	180	200	230	230	230	230	230	230	230	250	270	270	270	230	230	230
脆点,≤(℃)	—	—	—	—	—	—	—	报告	报告	−5	−10	−15	−20	—	—	—

道路石油沥青、建筑石油沥青和普通石油沥青都是按针入度指标来划分牌号的。在同一品种石油沥青材料中，牌号越小，沥青越硬；牌号越大，沥青越软，同时随着牌号增加，沥青的黏性减小（针入度增加），塑性增加（延度增大），而温度敏感性增大（软化点降低）。

防水防潮石油沥青按针入度指数来划分牌号，它除保证针入度、软化点、溶解度、蒸发损失、闪点等指标外，特别增加了保证低温变形性能的脆点指标。

(2)石油沥青的选用

道路石油沥青牌号主要用于道路路面或车间地面等工程，一般拌制成沥青混凝土、沥青拌和料或沥青砂浆等使用。道路石油沥青还可作密封材料、黏结剂及沥青涂料等。此时宜选用黏性较大和软化点较高的道路石油沥青，如 60 甲。

建筑石油沥青黏性较大，耐热性较好，但塑性较小，主要用作制造油毡、油纸、防水涂料和沥青胶。它们绝大部分用于屋面及地下防水、沟槽防水、防腐蚀及管道防腐等工程。

对于屋面防水工程，应注意防止过分软化。据高温季节测试，沥青屋面达到的表面温度比当地最高气温高 25 ℃～30 ℃，为避免夏季流淌，屋面用沥青材料的软化点应比当地气温下屋面可能达到的高温度高 20 ℃以上。例如某地区沥青屋面温度可达 65 ℃，选用的沥青软化点应在 85 ℃以上。但软化点也不宜选择过高，否则冬季低温易发生硬脆甚至开裂。

防水防潮石油沥青的温度稳定性较好，特别适用做油毡的涂覆材料及建筑屋面和地下防水的黏结材料。其中 3 号沥青温度敏感性一般，质地较软，用于一般温度下的室内及地下结构部分的防水。4 号沥青温度敏感性较小，用于一般地区可行走的缓坡屋面防水。5 号沥青温度敏感性小，用于一般地区暴露屋顶或气温较高地区的屋面防水。6 号沥青温度敏感性最小，并且质地较软，除一般地区外，主要用于寒冷地区的屋面及其他防水防潮工程。

普通石油沥青含蜡较多，其一般含量大于 5%，有的高达 20%以上(称多蜡石油沥青)，因而温度敏感性大，故在工程中不宜单独使用，只能与其他种类石油沥青掺配使用。

知识点三　煤沥青

煤沥青是煤干馏得到的煤焦油，经再提炼加工得到的产品，也称煤焦油沥青或柏油。

1. 煤沥青的分类

分为低温、中温、高温煤沥青三大类。建筑中主要使用半固体的低温煤沥青。煤沥青和石油沥青相比，煤沥青密度较大，塑性较差，温度敏感性较大，在低温下易变脆硬、老化快，于矿质材料表面结合紧密，防腐能力强，有毒和臭味等。因此，煤沥青适用于地下防水工程及防腐工程中。

2. 煤沥青和石油沥青的鉴别方法

由于煤沥青和石油沥青相似，使用时必须加以区别，方法见表 6-2。

表 6-2　煤沥青和石油沥青的鉴别方法

鉴别方法	煤沥青	石油沥青
密度	>1.1(约为1.25)	接近1.0
锤击	音清脆,韧性差	音哑,富有弹性,韧性好
燃烧	烟呈黄色,有刺激味	烟无色,无刺激性臭味
溶液颜色	用30～50倍的汽油或煤油溶解后,将溶液滴于滤纸上,斑点分为内外两圈,呈内黑外棕或黄色	溶解方法同左,斑点完全均匀散开,呈棕色

知识点四　改性石油沥青

通常石油加工厂生产的沥青一般只控制了耐热性(软化点),其他方面,如低温柔韧性、高温稳定性、黏附力、耐疲劳性等就很难达到要求。为此在发展各种高性能新型防水材料的同时,大量采用改性沥青生产防水制品。

1. 矿物填充料改性沥青

在沥青中加入一定数量的矿物填充料,可以提高沥青的黏性和耐热性,减小沥青的温度敏感性,同时也减少了沥青的耗用量,主要适用于生产沥青胶。

矿物填料有粉状和纤维状两种,常用的有滑石粉、石灰石粉、硅藻土、石棉绒和云母粉等。

2. 橡胶改性沥青

橡胶和沥青有较好的混溶性,加入橡胶可使沥青高温变形性小,低温柔韧性好。常用橡胶有:氯丁橡胶、丁基橡胶、再生橡胶。

3. 树脂改性沥青

用树脂改性沥青,可以改进沥青的耐寒性、耐热性、黏滞性和不透气性。常用的树脂有:古马隆树脂,聚乙烯,聚丙烯,酚醛树脂及天然松香等。

4. 橡胶和树脂改性沥青

用橡胶和树脂改性沥青,使沥青同时具有橡胶和树脂的特性。且树脂比橡胶便宜,橡胶和树脂又有较好的混溶性,故效果较好。

知识点五　沥青防水制品

沥青的使用方法很多,可以融化后热用,也可以加溶剂稀释或使其乳化后冷用,涂刷涂层,可以制成沥青胶用来黏贴防水卷材,也可以制成沥青防水制品及配置沥青混凝土。

1. 沥青防水卷材

可以分为有胎的浸渍卷材和无胎的辊压卷材。

(1)浸渍卷材

浸渍卷材是用原纸、玻璃纸、石棉布、麻布、合成纤维布等为胎,经浸渍沥青后所制得的卷状材料。其中纸胎沥青卷材最为常见。它包括石油沥青纸胎油毡(简称油毡)和石油沥青油纸(简称油纸)。油毡是采用低软化点石油沥青浸渍原纸,然后用高软化点石油沥青覆盖油纸两面,再涂或撒隔离材料所制成的一种纸胎卷材。油毡按所选用的隔离材料分为粉状油毡和片状油毡两个品种,表示为粉毡和片毡。油毡分为 200 号、350 号和 500 号 3 个强度等级,并按浸渍材料总量和物理性质分为合格品、一等品和优等品 3 个等级。

油纸分为 200 号和 350 号 2 个强度等级,适用于建筑防潮和包装,也可用于多层防水层的下层。施工时必须先将隔离材料清除掉,以免影响黏贴质量。储存运输时,卷材应立放,堆高不超过两层,并应防潮、防晒、防雨淋。

(2)辊压卷材

沥青再生橡胶油毡是一种常见的辊压卷材,它是采用再生橡胶、10 号石油沥青和石灰石粉等填料,经混炼、压制而成的,具抗拉强度大、弹性好、低温柔韧性好、不透水性及耐蚀性强等优点,适用于重要建筑物缝处防水。

2. 冷底子油与沥青胶

(1)冷底子油

冷底子油是用建筑石油沥青加入汽油、煤油、轻柴油;或者用软化点为 50 ℃～70 ℃的煤沥青加入苯,融合而配制成的沥青溶液,可以在常温下涂刷,故称冷底子油。

冷底子油作用机理:涂刷在多孔材料表面——渗入材料孔隙——溶剂挥发——沥青形成沥青膜(牢固结合于基层表面,且具有憎水性)。配制时,常使用 30%～40%的石油沥青和 60%～70%的溶剂(汽油或煤油),首先将沥青加热至 180 ℃～200 ℃,脱水后冷却至 130 ℃～140 ℃,并加入溶剂量的 10%煤油,待温度降至约 70 ℃时,再加入余下的溶剂(汽油)搅拌均匀为止。冷底子油最好是现用现配。若储藏时,应使用密闭容器,以防止溶剂挥发。

(2)沥青胶(也称玛琋脂)

沥青胶是在沥青中加入适量的矿质粉料或加入部分纤维状填料配置而成的材料。具有较好的黏性、耐热性和柔韧性,主要用于黏贴卷材、嵌缝、接头、补漏及做防水层的底层。沥青胶分为热用和冷用两种。热用即热沥青玛琋脂,是将 70%～90%的沥青加热至 180 ℃～200 ℃,使其脱水后,与 30%～10%的干燥填料热拌混合均匀后,热用施工。冷沥青玛琋脂是 40%～50%的沥青融化脱水后,缓慢加入 25%～30%的溶剂,再掺入 30%～10%的填料,混合拌匀制得,并在常温下使用。冷用沥青胶比热用沥青胶施工方便,涂层薄,节省沥青;但是耗费溶剂,成本高。根据使用要求沥青胶应具有良好的黏结性、耐热性和柔韧性,并以耐热度的大小划分为不同的强度等级。

3. 乳化沥青

它是微小的(1～10 μm)沥青颗粒，均匀稳定地分散在水中的悬浮体，借助乳化剂作用，在机械强力搅拌下，将融化的沥青分散而制成的乳化沥青颗粒。乳化沥青的特点是：

1)可在常温下进行涂刷或喷涂。

2)可以在较潮湿的基层上施工。

3)具有无毒、无嗅、干燥较快的特点。

4)不使用有机溶剂，费用较低，施工效率高。

将乳化沥青涂刷防水基层后，水分不断的蒸发，沥青微粒不断靠近，逐渐撕破乳化剂膜层，沥青微粒凝聚成膜与基层黏结形成防水层。一般来说，基层越干燥，环境温度越高，空气流通，沥青微粒越小，乳化沥青的成膜速度越快。制作乳化沥青用的乳化剂有很多种，如石灰膏、动物胶、肥皂、洗衣粉、水玻璃、松香等。选用不同品种的乳化剂，就能得到不同品种的乳化沥青。乳化沥青在成膜后应具有一定的耐热性、黏结性、韧性和防水等性能。

乳化沥青可以作为冷底子油用；可以用来黏贴卷材，构成多层防水层；也可以作为防潮、防水涂料以及拌制沥青混凝土，沥青砂浆铺设路面。

4. 沥青嵌缝油膏

它是以石油沥青为基料，掺入稀释剂、改性材料及填充料混合配制而成的冷用膏状材料，主要用于屋面、墙面沟、槽等处的防水层作为封缝材料。使用效果较好的有建筑防水沥青嵌缝油膏、马牌建筑油膏、聚氯乙烯胶泥等。

油膏按耐热度和低温柔性不同，分为 701、702、703、801、802、803 等 6 个强度等级，其中技术性能应符合标准规定。

知识点六　新型防水材料

我国的建筑防水一直沿用石油沥青防水材料。由于沥青在低温下易脆裂，高温下易流淌，而且老化较快，因此出现一些工程质量问题，这对建筑物的使用功能和使用寿命产生了严重的影响。为了改变这种落后面貌，适应建筑现代化的需求，近年来我国已研制生产了一批新型防水材料。

1. 沥青基的防水材料

为了改善沥青的性能，常用橡胶、树脂等对沥青改性。橡胶、树脂与沥青间有很好的互溶性，混熔后使沥青具有橡胶或树脂的很多优点，如高温变形小、低温柔韧好、黏结力强及不透水性等。

可对沥青改性，使之成为橡胶沥青，常用的橡胶有氯丁橡胶、丁基橡胶及再生橡胶等，也用树脂对沥青改性。使之成为树脂沥青，常用的树脂有古马隆树脂、聚乙烯、聚丙烯、聚醋酸乙烯脂等。将鱼油硫化后的硫化鱼油也是一种很好的沥青改性材料。改性后的沥青可制成卷材(如再生油毡)、沥青防水涂料及油膏等。

沥青基类的防水涂料可分为溶剂型(即指汽油、煤油、甲苯等有机溶剂,将改性的沥青稀释而制得的涂料)和水乳型(以水和乳化剂为稀释剂的涂料)。实际上,冷底子油、沥青胶(溶剂型)和乳化沥青(水乳型)都属于防水涂料。

溶剂型沥青防水涂料最常用的是再生橡胶沥青防水涂料,它是由再生橡胶、沥青和汽油为主要原料,经再生和研磨制浆后制得的,可直接涂于基层形成涂膜防水。此外,还有JC－1冷水胶料、氯丁－1防水涂料、鱼油改性沥青涂料等,均属此列。

水乳型沥青涂料是将改性材料经乳化后制成乳胶,石油沥青制成乳化沥青,再将二者按比例进行混熔而得。常见的有水乳型沥青涂料JC－2型冷胶料、水性石棉沥青防水涂料、弹性沥青防水涂料、氯丁胶乳沥青防水涂料等。

防水涂料常用为冷法施工,经涂刷后在防水基层形成一坚韧的防水膜层。

2. 橡胶基和树脂基防水材料

随着合成高分子材料的发展,以合成橡胶、树脂等为主体的高效能防水材料,得到了广泛的开发与应用。这类材料采用冷加工,铺设单层防水层,其效果远超过热施工的多层沥青油毡防水层。

我国当前生产的这类防水材料有防水卷材,如三元乙丙橡胶卷材,氯丁橡胶防水卷材,聚氯乙烯(PVC)防水卷材,氯化聚乙烯防水卷材等;防水涂料如氯丁橡胶－海帕仑涂料、低分子量丁基橡胶涂料、硅酮涂料及聚氨脂涂料等。

3. 粉状防水涂料

我国于20世纪80年代末成功地研制出一种粉状的防水材料。它是以无机非金属原料的粉末,其表面涂以强憎水性的有机高分子材料而成。由于采用了轻质的粉状颗粒构成防水层,因此又可以起到保温隔热的效果,常称为防水隔热粉。施工时将防水隔热粉铺撒于找平层上,然后再加一层牛皮纸作为隔离层,最后在隔离层上面加细石混凝土作为防水粉的保护层。这样,不仅防止粉层的改变,同时也防止了防水隔热粉表面高分子材料的老化变质。

这种粉状防水材料适用于平屋面的防水工程及地下工程等,具有良好的应变性能,能抗热胀冷缩、抗震动,防水性能不受基层裂缝的影响并且施工方便。

任务一 石油沥青的黏滞性检测

【学习目标】

1)掌握石油沥青黏滞性的判断方法,熟悉划分沥青牌号的主要指标。

2)学会针入度的检测方法。

【知识要点】

1. 黏滞性(简称黏性)的意义

石油沥青的黏滞性是指沥青在外力作用下抵抗变形或阻止塑性流动的性能。

它反映了沥青软硬、稀稠的程度，是划分沥青牌号的主要技术指标。石油沥青黏滞性与化学组分有关，当树脂适当，地沥青质含量越高及油分含量越少时，黏滞性越高。温度越高，沥青的黏滞性越低。

沥青在工程使用中可能受到各种力的作用，如重力、温度应力、车轮荷载等。在沥青路面中，沥青作为黏结材料将矿料黏结起来，形成强度，沥青的黏滞性决定了路面的力学行为。为防止路面夏天出现车辙，冬天出现开裂，沥青的黏性选择是首要考虑的参数。

2. 沥青黏滞性的表示方法

沥青的黏性通常用黏度和针入度表示，黏度和针入度是划分沥青等级(强度等级)的主要依据。

(1)黏度

测定液体沥青等材料流动状态的黏度时，应采用标准黏滞性，该实验方法是：在标准黏度计中，液体状态的沥青，于规定的温度(25 ℃或 60 ℃)条件下，经规定直径(3.5 mm或 10 mm)的流孔，流出 50mL 体积，所需的时间秒数(s)被称为沥青的黏度，并以 $CT\times d$ 表示(T 为实验温度(℃)，d 为流孔直径 (mm))。在温度和流孔直径相同的条件下，流出时间愈长，表示沥青黏度愈大(图 6-1)。

(2)针入度

表征半固体沥青、固体沥青黏滞性的指标是针入度。针入度是在规定温度(25 ℃)和时间(5 s)条件下，一定质量的标准针(100 g)，垂直贯入试样的深度表示沥青的针入度值，并以 0.1 mm 为单位(0.1 mm＝1 度)。沥青的针入度用 PT、m、t 表示，其中 P 为针入度，T 为实验温度，m 为标准针(包括连杆及砝码)的质量，t 为贯入时间。按我国现行实验法，实验条件为 P25 ℃，100 g，5 s，根据需要如采用其他实验条件时，应在实验结果中注明。针入度值是度量沥青黏滞性的一种指标，通常针入度值较小的沥青，其黏滞性较高，黏度亦较高(图 6-2)。

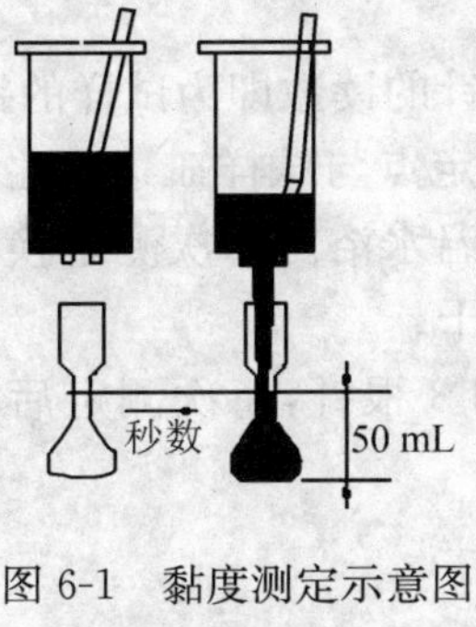

图 6-1　黏度测定示意图

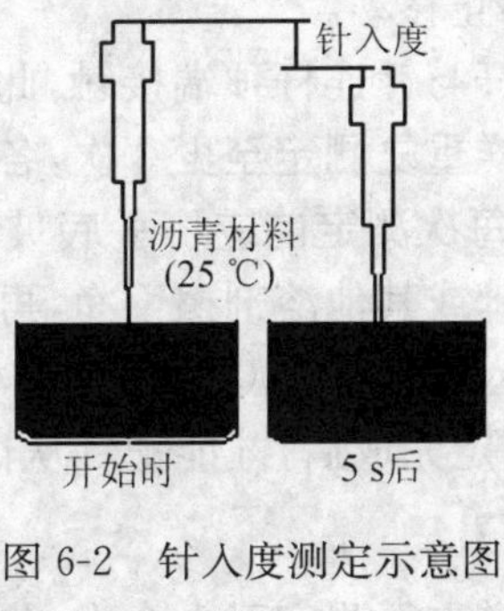

图 6-2　针入度测定示意图

【任务要求】

对半固体沥青、固体沥青进行黏滞性(针入度)检测,完成实验报告见表 6-3。

【主要仪器】

针入度仪(图 6-3)、测针等。

【检测步骤】

1)实验准备。

①将沥青在 120 ℃～180 ℃温度下脱水,脱水后的沥青试样放入金属皿,在砂浴上加热熔化,充分搅拌,并搅拌至空气泡完全消失为止。加热温度不得比试样估计的软化点高 100 ℃,加热时间不超过 30 min,筛去杂质。

图 6-3　针入度仪

②将试样倒入规定大小的试样皿中,试样的倒入深度应大于预计针入深度 10 mm 以上。在 15 ℃～30 ℃的空气中静置,并防止落入灰尘。热沥青静置的时间为:采用大试样皿时为 1.5～2 h,采用小试样皿时为 1～1.5 h。

③将静置到规定时间的试样皿浸入保持测试温度的水浴中。浸入时间为:小试样 1～1.5 h,大试样 1.5～2 h。恒温的水应控制在实验温度±0.1 ℃的变化范围内,在某些条件不具备的场合,可以允许将水温的波动范围控制在±0.5 ℃。

2)调节针入度计的水平,检查针连杆和导轨,以确认无水和其他外来物,无明显摩擦。用甲苯或其他合适的溶剂清洗针,用干净布将其擦干,把针插入针连杆中固紧,并放好砝码。

3)到恒温时间后,取出试样皿,放入水温控制在实验温度的平底玻璃皿中的三腿支架上,试样表面以上的水层高度应不小于 10 mm,将平底玻璃皿放于针入度计的平台上。

4)慢慢放下针连杆,使针尖刚好与试样表面接触。必要时放置在合适位置的光源反射来观察。拉下活杆,使与针连杆顶端相接触,调节针入度刻度盘使指针指零。

5)用手紧压按钮,同时启动秒表,使标准针自由下落穿入沥青试样,到规定时间,停压按钮,使针停止移动。

6)拉下活杆与针连杆顶端接触,此时刻度盘指针的读数即为试样的针入度。

7)同一试样重复测定至少 3 次,各测定点及测定点与试样皿边缘之间的距离不应小于 10 mm。每次测定前应将平底玻璃皿防入恒温水浴。每次测定换一根干净的针或取下针用甲苯或其他溶剂擦干净,再用干净布擦干。

8)测定针入度大于 200 的沥青试样时,至少用 3 根针,每次测定后将针留在试样中,直至 3 次测定完成后,才能把针从试样中取出。

【注意事项】

1)同一试样重复测定至少 3 次,各测定点及测定点与试样皿边缘之间的距离不应小于 10 mm。

2)试样针必须是干净的。

3)测定针入度大于 200 的沥青试样时，至少用 3 根针，每次测定后将针留在试样中，直至 3 次测定完成后，才能把针从试样中取出。

表 6-3　石油沥青针入度实验报告

实验日期：________________ 气温/室温：________________ 湿度：________________

(1)实验仪器

____

(2)实验记录

沥青针入度测定表

项目	测定的针入度	平均针入度
1		
2		
3		

(3)实验小结

____

____

____

____

任务二　石油沥青的塑性检测

【学习目标】

1)掌握沥青的塑性的意义。

2)学会测定石油沥青的延度的方法。

【知识要点】

1. 塑性的含义

塑性指沥青在外力作用下，产生变形而不破坏，当外力撤销，能保持所获得的变形的能力。

2. 沥青塑性的表示方法

沥青的塑性通常以延伸度(延度)指标来表征，沥青延度值的大小直接反映了工程中沥青在外力作用下，保持内部结构连续或抵抗开裂的能力。沥青的延度值测定：它是将沥青试样制成8字形标准试件(最小断面1 cm^2),在规定的实验温度(通常为25 ℃或15 ℃)和拉伸速度(通常为5 cm/min)条件下,拉断时的长度伸长值(以cm计)。在科研中有时需测定沥青低温(0 ℃,4 ℃)时的延度,其拉伸速度常为1 cm/min 。沥青的延伸度越大,沥青的塑性越好(图6-4)。

【任务要求】

对石油沥青进行延伸度检测,判断塑性,完成实验报告见表6-4。

【主要仪器】

延度仪(图6-5)等。

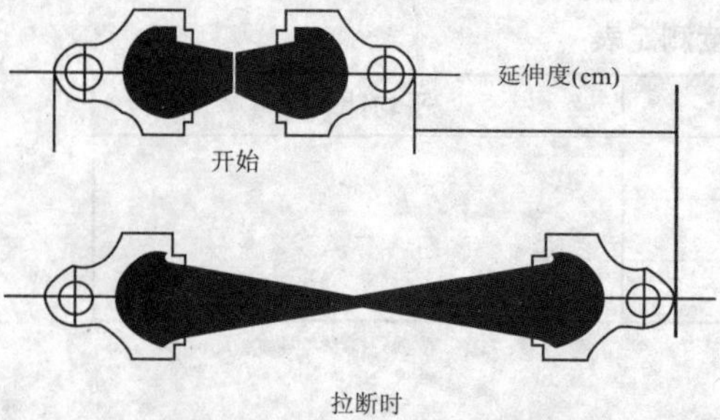

图6-4　延伸度测定示意图

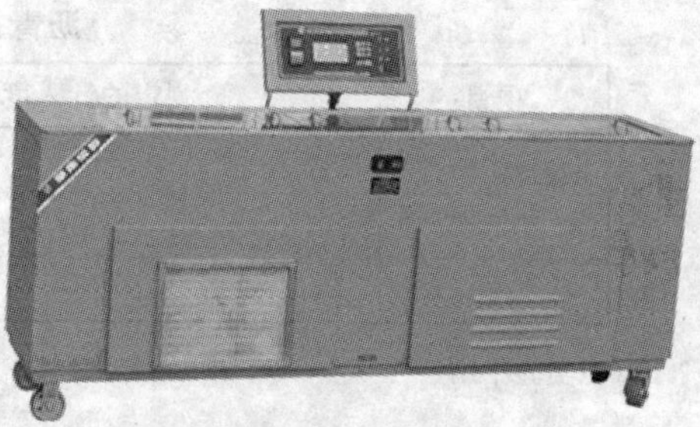

图6-5　延度仪

【检测步骤】

1)试样准备。

①将隔离剂拌和均匀,涂于磨光的金属板上及侧模的内侧面,将试模在金属垫板上组装并卡紧。

②将除去水分的沥青试样放在砂浴上加热至熔化,搅拌,加热温度不得高于预计软化点110 ℃;将熔化的沥青用筛过滤,并充分搅拌,注意搅拌过程中勿使混入气泡。然后将试样自试模的一端至另一端往返多次,将沥青缓缓注入模中,并略高出试模的模具平面。

③将浇筑好的试样在15 ℃～30 ℃的空气中冷却30 min后,放入温度为(25±0.1) ℃的水浴中,保持30 min后取出。用热刀将高出模具部分的多余沥青刮去,使沥青试样表面与模具齐平。沥青刮法应自模具的中间刮至两边,表面应刮得平整光滑。刮毕将试件连金属板一并浸入(25±0.1) ℃的水中并保持1～1.5 h。

2)检查延度仪滑板的拉伸速度是否符合要求,然后移动滑板使其指针正对着标尺的零点。保持水槽中的水温为(25±0.1) ℃。将试样移至延度仪水槽中,将模具两端的孔分别套在滑板及槽端的金属柱上,水面距试样表面应不小于25 mm,然后去掉侧模。

3)试样拉断时指针所指标尺上的读数,即为试样的延度,以 cm 表示。在正常情况下,应将试样拉伸成锥尖状,在断裂时实际横断面为零。如不能得到上述结果,则应报告在此条件下无测定结果。

4)结果处理:取平行测定的三个结果的算术平均值作为沥青试样延度的测定结果。若三次测定值不在其平均值的±5%以内时,则应弃除最低测定值,取两个较高测试值的平均值作为测定结果。沥青延度测试两次测定结果之差,重复性不应超过平均值的1%,再现性不应超过平均值的20%。

【注意事项】

延度仪在使用之前要进行拉伸速度的检查。

表 6-4　石油沥青延伸度实验报告

实验日期:________ 气温/室温:________ 湿度:________

(1)实验仪器

____

(2)实验记录

石油沥青延度测定表

项目	测定的延度	平均延度
1		
2		
3		

(3)实验小结

____

任务三　石油沥青的温度敏感性检测

【学习目标】

1)掌握石油沥青的温度敏感性的意义。

2)学会测定石油沥青的软化点的方法。

【知识要点】

1. 沥青的温度敏感性的意义

指沥青的黏滞性和塑性随温度变化的性质。用软化点表示温度敏感性。温度敏感性较小的石油沥青，其黏滞性、塑性随温度的变化较小。

2. 温度敏感性的测定

沥青是一种组成和结构非常复杂的非晶质高聚物，它由液态转变为固态时，没有敏感的固化点或液化点。对于沥青的物理性质与温度之间的关系，通常采用产生硬化与滴落时相对应的某一温度区域范围来表示，在此温度区间内，沥青是一种黏滞流动状态。在工程实际中为保证沥青不致由于温度升高而产生流动的状态，取这一温度区间的 0.8721 倍作为反映沥青物理状态与温度之间关系的参数，并称之为软化点。

软化点是沥青材料由固体状态转变为具有一定流动性的膏体时的温度。软化点可通过“环球法”试验测定。将沥青试样装入规定尺寸的铜环 B 中，上置规定尺寸和质量的钢球 a，再将置球的铜环放在有水或甘油的烧杯中，以5 ℃/min的速率加热至沥青软化下垂达 25 mm 时的温度(℃)，即为沥青软化点(图 6-6)。

不同沥青的软化点不同，大致在 25 ℃～100 ℃之间。软化点高，说明沥青的耐热性能好，但软化点过高，又不易加工；软化点低的沥青，夏季易产生变形，甚至流淌。

【任务要求】

对石油沥青的(软化点)进行检测，判断其温度敏感性，完成实验报告见表 6-5。

【主要仪器】

沥青软化点测定仪(图 6-7)等。

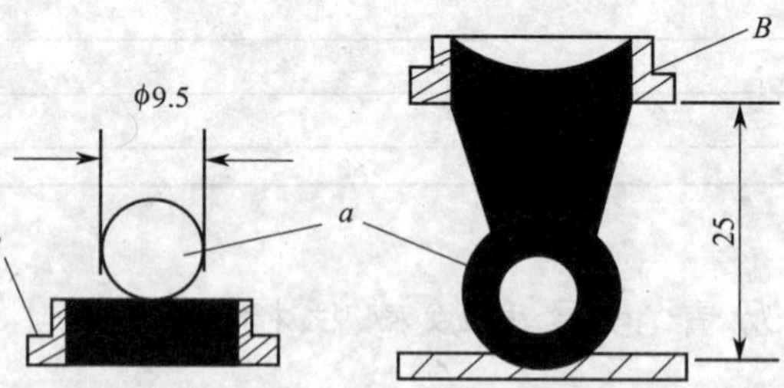

图 6-6　软化点测定示意图(单位：mm)

图 6-7　软化点测定仪

【检测步骤】

1)试样准备。

①将选好的铜环置于涂有隔离剂的金属板或玻璃板上，将预先脱水的试样加热熔化，加热温度不得高于估计软化点 110 ℃，加热至倾倒温度的时间不得超过 2 h。搅拌

过筛后将熔化沥青注入铜环内至沥青略高于环面为止。如估计软化点在120 ℃以上，应将铜环与金属板预热至80 ℃～100 ℃。

②将盛有试样的铜环及板置于盛满水的保温槽内恒温15 min，水温保持在(5±0.5) ℃。同时，钢球也置于恒温的水中。

③在烧杯内注入新煮沸并冷却至5 ℃的蒸馏水，使水面略低于连接杆上的深度标记。

2)从水保温槽中取出盛有试样的黄铜环放置杂环架中承板的圆孔中，并套上钢球定位器，把整个环架放入烧杯内，调整水面至深度标记，环架上任何部分均不得有气泡。将温度计由上承板中心孔垂直插入，使温度计水银球底部与铜环下面齐平。

3)将烧杯移放至有石棉网的三脚架上或电炉上，然后将钢球放在试样上立即加热，使烧杯内水在3 min后保持每分钟上升(5±0.5) ℃，在整个测定过程中如温度的上升速度超出范围时，则实验应重做。

4)试样受热软化，下坠至下承板面接触时的温度即为试样的软化点。

5)结果处理：取平行测定的两个结果的算术平均值作为测定结果，精确至0.1 ℃，如果两个温度的差值超过1 ℃，则应重新进行实验。

【注意事项】

温度的准确控制。

表6-5　石油沥青的软化点实验报告

实验日期：________ 气温/室温：________ 湿度：________

(1)实验仪器

____

(2)实验记录

石油沥青的软化点测定表

项目	测定的软化点	平均软化点
1		
2		

(3)实验小结

____

____

____

____

练习题

1. 石油沥青的组分长期在大气中将会转化，其转化顺序是（　　）。

A. 按油分一树脂一地沥青质的顺序递变

B. 固定不变

C. 按地沥青质一树脂一油分的顺序递变

D. 不断减少

2. 一般同一类石油沥青随着牌号的增加，其针入度____，延度____而软化点____。

3. 沥青的牌号是根据____指标来划分的。

4. 沥青的塑性指标一般用____来表示，温度感应性用____来表示。

5. 沥青混凝土是由沥青和____、石子和____所组成。

6. 试述石油沥青的三大组分及其特性。石油沥青的组分与其性质有何关系？

7. 石油沥青的主要技术性质是什么？各用什么指标表示？

8. 怎样划分石油沥青的牌号？牌号大小与沥青主要技术性质之间的关系怎样？

9. 石油沥青的老化与组分有何关系？沥青老化过程中性质发生哪些变化？沥青老化对工程有何影响？

10. 某工地运来两种外观相似的沥青，已知其中有一种是煤沥青，为了不造成错用，请用两种以上方法进行鉴别？

练习题答案

1. A
2. 增加　增加　下降
3. 针入度
4. 延度　软化点
5. 砂　填充料
6. 石油沥青的三大组分及其特性如下：

(1)油分

油分为淡黄色至红褐色的油状液体，是沥青中分子量最小和密度最小的组分，密度介于 0.7～1.0 g/cm^3 之间。在 170 ℃较长时间加热，油分可以挥发。油分能溶于石油醚、二硫化碳、三氯甲烷、苯、四氧化碳和丙酮等有机溶剂中，但不溶于酒精。油分的多少决定了沥青的流动性。

(2)树脂(沥青脂胶)

沥青脂胶为黄色至黑褐色黏稠状物质(半固体)，分子量比油分大(600～1 000)，密度为 1.0～1.1 g/cm^3。沥青脂胶中绝大部分属于中性树脂。中性树脂含量增加，石油沥青的延度和黏结力等品质越好。

(3)地沥青质(沥青质)

地沥青质为深褐色至黑色固态无定形物质(固体粉末)，分子量比树脂更大(1 000以上)，密度大于 1 g/cm^3，不溶于酒精、正戊烷，但溶于三氯甲烷和二硫化碳，染色力强，对光的敏感性强，感光后就不能溶解。地沥青质是决定石油沥青温度敏感性、黏性的重要组成部分。

7. 石油沥青的主要技术性质有：

(1)黏滞性

石油沥青的黏滞性又称黏性。黏滞性应以绝对黏度表示，但因其测定方法较复杂，故工程中常用相对黏度(条件黏度)来表示黏滞性，对使用黏稠(半固体或固体)的石油沥青用针入度表示，对液体石油沥青则用黏滞度表示。

(2)塑性

塑性指石油沥青在外力作用下产生变形而不破坏，除去外力后，仍能保持变形后的形状的性质。石油沥青的塑性用延度表示。延度愈大，塑性愈好。

(3)温度敏感性

温度敏感性是指石油沥青的黏滞性和塑性随温度升降而变化的性能。由于沥青是一种高分子非晶态热塑性物质，故没有一定的熔点。

温度敏感性以软化点指标表示。由于沥青材料从固态至液态有一定的变态间隔,故规定以其中某一状态作为从固态转变到粘流态的起点,相应的温度则称为沥青的软化点。另外,沥青的脆点是反映温度敏感性的另一个指标,它是指沥青从高弹态转到玻璃态过程中的某一规定状态的相应温度,该指标主要反映沥青的低温变形能力。

(4)大气稳定性

石油沥青在热、阳光、氧气和潮湿等大气因素的长期综合作用下抵抗老化的性能,称为大气稳定性,也是沥青材料的耐久性。石油沥青的大气稳定性以加热蒸发损失百分率和加热前后针入度比来评定。

8. 石油沥青按针入度指标来划分牌号,牌号数字约为针入度的平均值。常用的建筑石油沥青和道路石油沥青的牌号与主要性质之间的关系是:牌号越高,其黏性越小(针入度越大),塑性越大(即延度越大),温度稳定性越低(即软化点越低)。

9. 在石油沥青的老化过程中,在温度、空气、阳光和水的综合作用下,沥青中各组分会发生不断递变,低分子化合物将逐步转变成高分子物质,即油分和树脂逐渐减少,而沥青质逐渐增多。在石油沥青的老化过程中,随着时间的进展,由于树脂向地沥青质转变的速度更快,使低分子量组成减少,地沥青质微粒表面膜层减薄,沥青的流动性和塑性将逐渐减小,硬脆性逐渐增大,直至脆裂,致使沥青防水层开裂破坏,或造成路面使用品质下降,产生龟裂破坏,对工程产生不良影响。

10. 煤沥青与石油沥青可用以下方法进行鉴别:

1)测定密度。大于1.1者为煤沥青。

2)燃烧试验。烟气呈黄色,并有刺激性嗅味者为煤沥青。

3)敲击块状沥青,呈脆性(韧性差)、音清脆者为煤沥青。有弹性、音哑者为石油沥青。

4)用汽油或煤油溶解沥青,将溶液滴于滤纸上,呈内黑外棕色明显两圈斑点者为煤沥青,呈棕色均匀散开斑点者为石油沥青。

第7章 塑料性能的检测

学习目标

1)掌握塑料的分类、特性等基本概念。

2)学会塑料各种主要技术性能指标的检测。

相关理论知识

知识点一　基本概念

1. 定义

1)塑料是以树脂(或在加工过程中用单体直接聚合)为主要成分,以增塑剂、填充剂、润滑剂、着色剂等添加剂为辅助成分,在加工过程中一定温度和压力的作用下能流动成型的高分子有机材料。

2)树脂是指受热时通常有转化或熔融范围,转化时受外力作用具有流动性,常温下呈固态或半固态或液态的有机聚合物,它是塑料最基本的,也是最重要的成分。广义地讲,在塑料工业中作为塑料基本材料的任何聚合物都可称为树脂

2. 分类

(1)按物理化学性能分

1)热塑性塑料:在特定温度范围内能反复加热软化和冷却硬化的塑料。如聚乙烯塑料、聚氯乙烯塑料。

2)热固性塑料:因受热或其他条件能固化成不熔不溶性物料的塑料。如酚醛塑料、环氧塑料等。

(2)按用途分

1)通用塑料:产量大、用途广、成型性好、价廉的塑料。如聚乙烯、聚丙烯、聚氯乙烯等。

2)工程塑料:能承受一定的外力作用,并有良好的机械性能和尺寸稳定性,在高、低

温下仍能保持其优良性能，可以作为工程结构件的塑料。如 ABS、尼龙、聚矾等。

3)特种塑料：具有特种功能(如耐热、自润滑等)，应用于特殊要求的塑料。如氟塑料、有机硅等。

3. 常见缩写

PE—聚乙烯　　PVC —聚氯乙烯

PP—聚丙烯　　PA —聚酰胺(尼龙)

PS—聚苯乙烯　　PMMA —聚甲基丙烯酸甲酯

PC—聚碳酸酯　　PBT —聚对苯二甲酸丁二醇酯

POM —聚甲醛　　PET —聚对苯二甲酸乙二醇脂

ABS —丙烯腈－丁二烯－苯乙烯共聚物

4. 塑料特性

1)质轻、比强度高。

2)优异的电绝缘性能。

3)优良的化学稳定性能。

4)减摩、耐磨性能好。

5)透光及防护性能。

6)减震、消音性能优良。

知识点二　塑料的性能

1)流变性能：熔体质量(体积)流动速率、模塑收缩率。

2)力学性能：拉伸弹性模量、拉伸应力、拉伸应变、拉伸蠕变模量、弯曲模量、强度、简支梁(悬臂梁)冲击强度、拉伸冲击强度、邵氏(洛氏)硬度、压缩强度。

3)热性能：熔融温度、玻璃化转变温度、负荷变形温度、维卡软化温度、线性热膨胀系数、燃烧性、氧指数。

4)电性能：相对介电常数、介质损耗因素、体积电阻率、表面电阻率、电气强度、相比漏电起痕指数。

5)其他性能：吸水性、密度、老化性能等。

知识点三　塑料制品

1. 塑料型材

1)塑料地板。国家制订的《室内装饰装修材料聚氯乙烯卷材地板中有害物质限量》(GB 18586－2001)中除规定禁止使用铅盐做稳定剂外，在标准限量指标上也着重控制氯乙烯单体、铅、镉含量和有机化合物挥发总量。

2)塑料门窗。

3)塑料墙纸。

4)玻璃钢建筑制品。

2. 塑料管材

1)硬质聚氯乙烯(UPVC)塑料管。

2)聚乙烯(PE)塑料管。

3)聚丙烯(PP)塑料管和PPR塑料管。

4)其他塑料管。

①ABS塑料管。

②聚乙烯(PB)塑料管。

③玻璃钢(GRP)管。

④复合塑料管。

任务一　塑料拉伸性能检测

【学习目标】

1)掌握塑料的拉伸性能的基本术语及基本概念。

2)学会塑料拉伸性能检测的方法和步骤。

【知识要点】

1. 术语和定义

1)标距(L_0):试样中间部分两标线间初始距离(mm)。

2)试验速度(v):试验过程中,试验机夹具分离速度(mm/min)。

3)拉伸应力(σ):试样每单位原始面积上所受拉力的(MPa)。

4)拉伸应变(ε):原始标距单位长度增量(比值或百分数)。

5)拉伸强度(σ_M):试样承受的最大拉伸应力(MPa)。

6)断裂拉伸应变(ε_B):试样与断裂应力对应的拉伸应变。

7)拉伸弹性模量(E_t):应力 σ_2 与 σ_1 的差值与对应应变 ε_2 与 ε_1 的差值的比值(MPa)。

2. 塑料常见拉伸应力应变曲线

塑料常见拉伸应力应变曲线,见图7-1。

【任务要求】

1)完成试件的取样。

2)完成塑料拉伸性能检测试验。

3)完成塑料拉伸试验报告见表7-6。

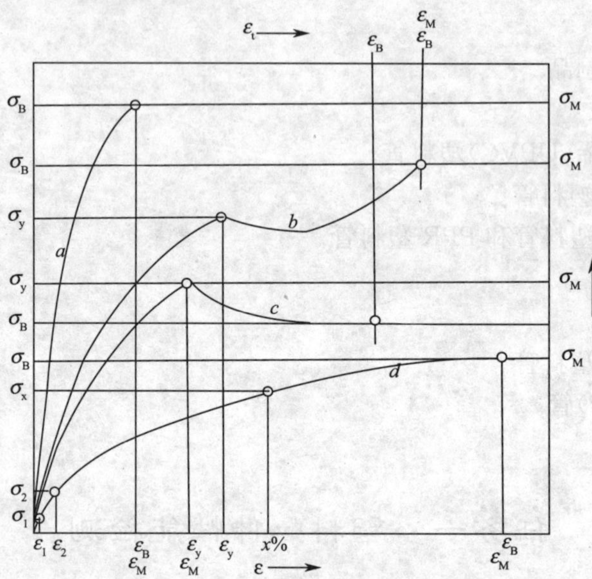

图 7-1　塑料常见拉伸应力应变曲线

a—脆性；*b*，*c*—有屈服韧性；*d*—无屈服韧性

【主要仪器】

1)任何能满足本试验要求的具有多种速率移动的试验机均可使用(图 7-2)。

试验机示值应从每级表盘满刻度的 10%～90%，但不小于试验机最大载荷的 4%，读取示值的误差在±1%之内，电子拉力试验机按有关规定执行。

2)形变测量装置测量误差应在±1%之内。

3)夹具试验。夹具移动速度应符合规定要求，测定Ⅲ型试样时推荐使用的专用夹具也可使用能满足试验要求的其他夹具(图 7-3)。

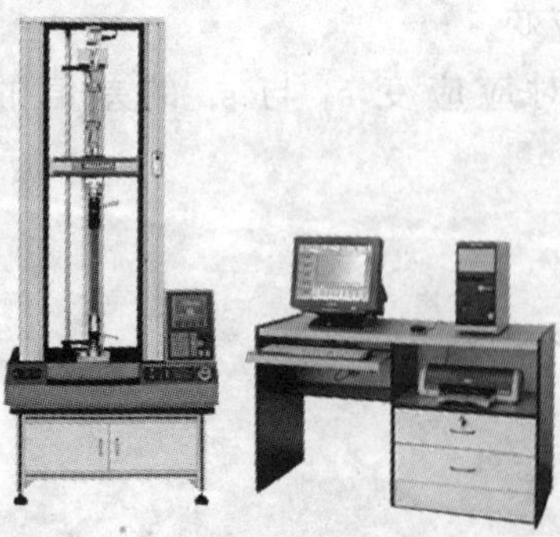

图 7-2　微机控制电子万能试验机

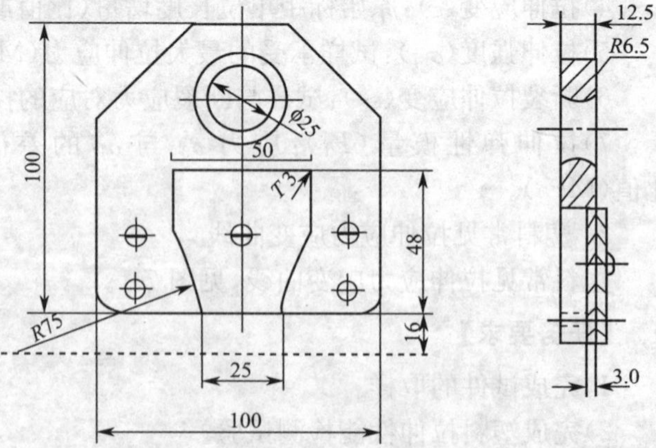

图 7-3　试样夹具示意图(单位：mm)

【试件准备】

Ⅰ型试样(图 7-4 和表 7-1)。

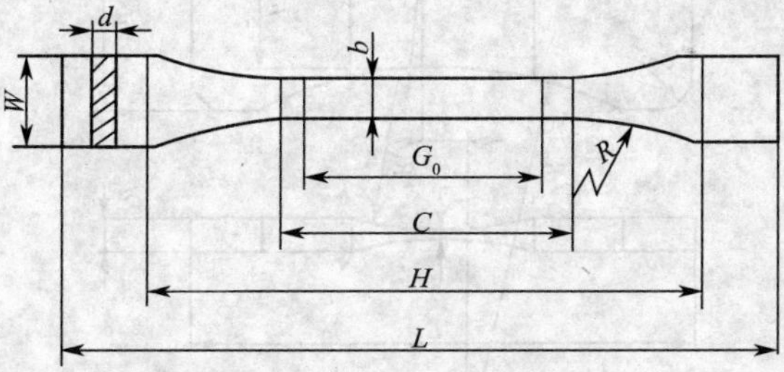

图 7-4　Ⅰ型试样示意图

表 7-1　Ⅰ型试样示意图符号表

符号	名称	尺寸	公差	符号	名称	尺寸	公差
L	总长最小	150	—	W	端部宽度	20	±2.0
H	夹具间距离	115	±5.0	d	厚度	—	—
C	中间平行部分长度	60	±5.0	b	中间平行部分宽度	10	±2.0
G_0	标距或有效部分	50	±5.0	R	半径最小	60	—

Ⅱ型试样(图 7-5 和表 7-2)

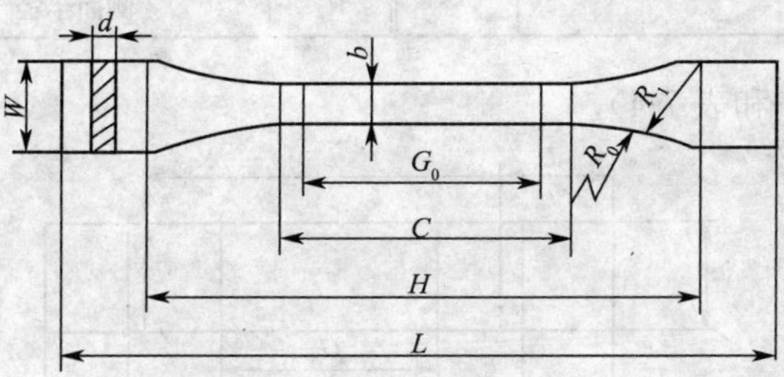

图 7-5　Ⅱ型试样示意图

表 7-2　Ⅱ型试样示意图符号表

符号	名称	尺寸	公差	符号	名称	尺寸	公差
L	总长最小	115	—	W	端部宽度	25	±1.0
H	夹具间距离	80	±5.0	d	厚度	—	—
C	中间平行部分长度	33	±2.0	b	中间平行部分宽度	6	±0.4
G_0	标距或有效部分	25	±1.0	R_0	小半径	14	±1.0
				R_1	大半径	25	±2.0

Ⅲ型试样(图 7-6 和表 7-3)

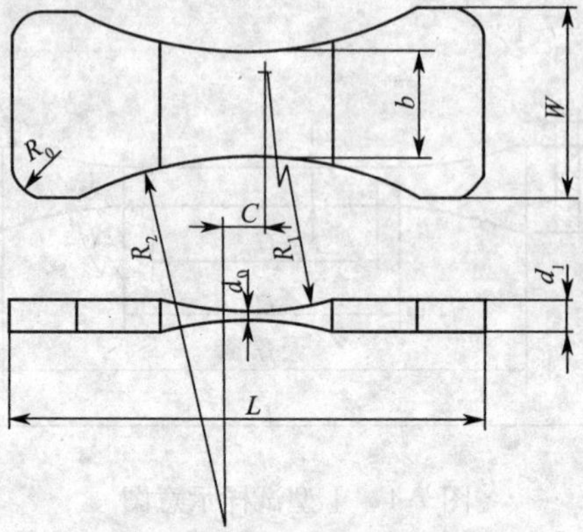

图 7-6　Ⅲ型试样示意图

表 7-3　Ⅲ型试样示意图符号表

符号	名称	尺寸	公差	符号	名称	尺寸	公差
L	总长最小	115	±5.0	W	端部宽度	25	±5.0
C	夹具间距离	80	±5.0	b	中间平行部分宽度	—	±5.0
d_0	中间平行部分长度	33	±5.0	R_0	端部半径	6	±5.0
d_1	端部宽度	25	±5.0	R_1	表面半径	14	±5.0
				R_2	侧面半径	25	±5.0

Ⅳ型试样(图 7-7 和表 7-4)。

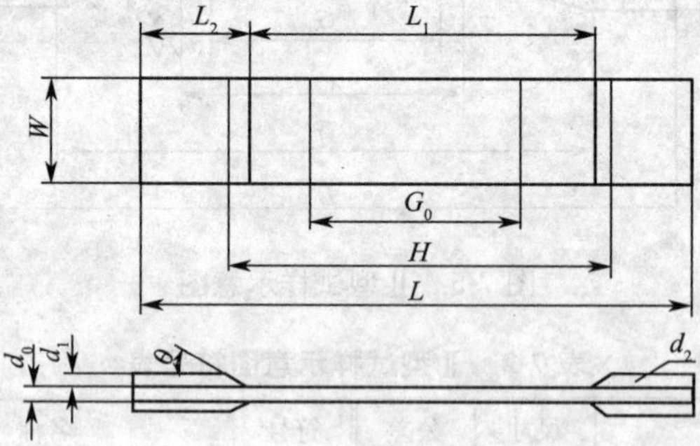

图 7-7　Ⅳ型试样示意图

表 7-4　Ⅳ型试样示意图符号表

符号	名称	尺寸	公差	符号	名称	尺寸	公差
L	总长最小	270	—	L_1	加强片间长度	150	±5.0

续上表

符号	名称	尺寸	公差	符号	名称	尺寸	公差
H	夹具间距离	170	±5.0	d_0	厚度	2～10	—
G_0	标距或有效部分	100	±0.5	d_1	加强片厚度	3～10	—
W_1	宽度	25 或 50	±0.5	θ①	加强片角度	5°～30°	—
L_2	加强片最小长度	50	—	$d_3$②	加强片	25	—

注：1. 纱布增强的热固性塑料板试样宽度采用 50 mm，玻璃纤维增强的热固性塑料板试样宽度采用 25 mm。

2. ①指随着加强片厚度的增加，θ 角度需相应增大。

②除有争议外对玻璃纤维增强材料可省去加强片。

【试样选择】

试样选择方法，见表 7-5。

表 7-5 试样选择方法

试样材料	试样类型	试样制备方法	试样最佳厚度	试验速度
硬质热塑性塑料 热塑性增强塑料	Ⅰ	注塑成型 压制成型	4	BCDEF
硬质热塑性塑料板 热固性 塑料板 （包括层压板）	Ⅰ	机械加工	4	ABCDEFG
软质热塑性塑料 软质热塑性塑料板	Ⅱ	注塑成型 压制成型 板材机械加工 板材冲切加工	2	FGHI
热固性塑性 包括经填充和纤维 增强的塑料	Ⅲ	注塑成型 压制成型	—	C
热固性增强塑料板	Ⅳ	机械加工	—	BCD

注：Ⅲ型试样仅用于测定拉伸强度。

【试样制备及要求】

1）试样制备和外观检查按规定进行。

2）建议仲裁试验时Ⅰ型试样厚度 4 mm，Ⅱ型试样厚度采用 2 mm。

3）试样厚度除表中规定外板材厚度≤4 mm 时，可用原厚为试样厚度；当厚度 $d>$

10 mm 时，应从两面等量机械加工至 10 mm 或按产品标准规定加工。

4)每组试样不少于 5 个，对各向异性的板材应分别从平行于主轴和垂直于主轴的方向各取一组试样。

【试验速度】

速度 A　1 mm/min±50%。

速度 B　2 mm/min±20%。

速度 C　5 mm/min±20%。

速度 D　10 mm/min±20%。

速度 E　20 mm/min±10%。

速度 F　50 mm/min±10%。

速度 G　100 mm/min±10%。

速度 H　200 mm/min±10%。

速度 I　500 mm/min±10%。

【检测步骤】

1)试验环境[(23±2) ℃，湿度：(50±5)%]和试样的状态调节应按规定进行。

2)在试样中间平行部分做标线示明标距此标线对测试结果不应有影响。

3)测量试样中间平行部分的宽度和厚度精确至 0.01 mm，Ⅱ型试样中间平行部分的宽度精确至 0.05 mm。每个试样测量三点取算术平均值。

4)夹持。试样夹具夹持试样时要使试样纵轴与上下夹具中心连线相重合，并且应松紧适宜以防止试样滑脱或断在夹具内。

5)选定试验速度进行试验

6)记录屈服时的负荷，或断裂负荷及标距间伸长。若试样断裂在中间平行部分之外时，此试样作废另取试样补做。

7)结果处理：

①拉伸强度或拉伸断裂应力或拉伸屈服应力或偏置屈服应力按式(7-1)计算。

$$\sigma_t = \frac{P}{bd} \tag{7-1}$$

式中　σ_t——拉伸强度或拉伸断裂应力或拉伸屈服应力或偏置屈服应力(MPa)；

P——最大负荷或断裂负荷或屈服负荷或偏置屈服负荷(N)；

b——试样宽度(mm)；

d——试样厚度(mm)。

②断裂伸长率按式(7-2)计算：

$$\varepsilon = \frac{G - G_0}{G_0} \tag{7-2}$$

式中 ε——断裂伸长率；

G_0——试样原始标距(mm)；

G——试样断裂时标线间距离(mm)。

此试验适用于热塑性塑料和热固性塑料，其中包括经填充和纤维增强的塑料以及这些塑料制成的制品。

表 7-6 塑料拉伸试验报告

实验日期：________ 气温/室温：________ 湿度：________

试样的基本特点及设备条件：

试样类型	尺寸	制备方法	实验机型号	试验速度	

试验情况及数据记录处理：

试样的主轴方向	
拉伸强度	
拉伸断裂应力	
拉伸屈服应力	
偏置屈服应力	
断裂伸长率	

试验人员：

任务二 塑料压缩性能测定

【学习目标】

1)掌握塑料的压缩性能的基本术语及基本概念。

2)学会塑料压缩性能检测的方法和步骤。

【知识要点】

1. 基本概念

1)标距(L_0)：试样中间部分两标线间初始距离(mm)。

2)试验速度(v)：试验过程中试验机两压板接近速率(mm/min)。

3)压缩应力(σ)：试样单位原始横截面积所承受的负荷(MPa)。

4)压缩强度(σ_M):试样所承受的最大应力(MPa)。

5)压缩应变(ε):每单位 L_0 的长度减少量。

6)压缩模量(E_c):应力差($\sigma_2-\sigma_1$)与对应应变差($\varepsilon_2-\varepsilon_1=0.0025-0.0005$)的比值(MPa)。

2. 压缩性能检测原理

原理:沿试样主轴方向,以恒定的速度压缩试样,直至试样发生破坏或达到某一负荷或试样长度的减少值达到预定值。测定试样在此过程中的负荷(图7-8)。

【主要仪器】

SYJ 型塑料压缩性能试验机(图 7-9)。

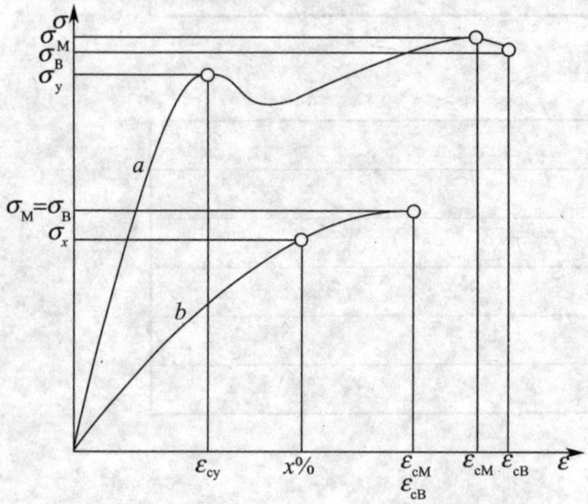

图 7-8 压缩性能检测原理示意图

图 7-9 SYJ 型塑料压缩性能试验机

【任务要求】

完成塑料压缩性能的检测,并且完成实验报告见表 7-7。

【检测步骤】

1)试样准备:试样应为棱柱、圆柱或管状,尺寸满足式(7-3)要求:

$$\varepsilon_c^* \leqslant 0.4\frac{x^2}{l^2} \tag{7-3}$$

式中 ε_c^*——试验时发生的最大压缩标称应变,以比值表示;

x——取决于试样的形状,圆柱的直径、管的外径或棱柱的厚度(横截面积的最小侧);

l——平行于压缩力轴测量试样厚度。

注:1. 为了测量定义中的压缩模量 E_c,推荐的比值 $x/l>0.08$。

2. 通常进行压缩试验时,推荐的比值 $x/l>0.4$。这相应于约 6%的最大压缩应变。

2)试样数量及试验速度。

①各向同性材料,每个样品至少 5 个试样。

②各向异性材料,每个样品至少 10 个试样,垂直和平行各 5 个。

③明显缺陷破坏,则需更换试样。

3)试验环境:(23±2) ℃,湿度:(50±5)%。

4)测量每个试样尺寸。试样中部测宽度(精确至 0.02 mm)和厚度(精确至 0.02 mm)各测 3 点取平均值,测量试样长度(精确至 1%)。

5)放置试样,直线、防止滑移。

6)调整预应力在规定范围内。

7)设置参数及试验条件。

8)进行测试,记录试验结果。

应力和模量保留三位有效数字,应变和泊松比保留两位有效数字。

表 7-7　塑料压缩性能实验报告

试验日期:____________ 实验小组成员:____________

气温/室温:____________

(1)实验仪器

____

(2)实验记录

①样品形状及规格

②样品数量

③实验速度

④成果计算

练习题

1. 下列选项中属于热塑性塑料的是（　　）。

A. 聚乙烯塑料　　B. 酚醛塑料

C. 环氧塑料　　D. 氟塑料

2. 按用途来分，聚丙烯塑料属于（　　）。

A. 生活塑料　　B. 通用塑料

C. 工程塑料　　D. 特种塑料

3. 聚氯乙烯的缩写为（　　）。

A. PV　　B. PMMA

C. PP　　D. PVC

4. 塑料是以________为主要成分，以________、________、润滑剂、着色剂等添加剂为辅助成分，在加工过程中一定温度和压力的作用下能流动成型的高分子有机材料。

5. 通用塑料的特性有：产量________、用途________、成型性________等。

6. 塑料的特性主要有哪些？

7. 塑料的热性能主要有哪些？

8. 塑料压缩性能检测原理是什么？

练习题答案

1. A
2. B
3. D
4. 树脂　增塑剂　填充剂
5. 大　广　好
6. 塑料的特性主要有：

   (1)质轻、比强度高；

   (2)优异的电绝缘性能；

   (3)优良的化学稳定性能；

   (4)减摩、耐磨性能好；

   (5)透光及防护性能；

   (6)减震、消音性能优良。
7. 塑料的热性能主要有：熔融温度、玻璃化转变温度、负荷变形温度、维卡软化温度、线性热膨胀系数、燃烧性、氧指数。
8. 其检测原理为：沿试样主轴方向，以恒定的速度压缩试样，直至试样发生破坏或达到某一负荷或试样长度的减少值达到预定值。测定试样在此过程中的负荷。

第 8 章

保温隔热吸声材料性能的检测

学习目标

1)掌握保温、隔热、吸声材料的基本概念。

2)掌握保温、隔热、吸声材料性能检测的方法、适用范围、仪器设备、检测结果表示与评定、检测报告内容。

相关理论知识

知识点一　基本概念

1. 定义

(1)胶粉聚苯颗粒保温浆料

由胶粉料和聚苯颗粒组成并且聚苯颗粒体积比不小于 80%的保温灰浆。

(2)胶粉料

由无机胶凝材料与各种外加剂在工厂采用预混合干拌技术制成的专门用于配制胶粉聚苯颗粒保温浆料的复合胶凝材料。

(3)聚苯颗粒

由聚苯乙烯泡沫塑料经粉碎、混合而制成的具有一定粒度、级配的专门用于配制胶粉聚苯颗粒保温浆料的轻骨料。

(4)建筑保温砂浆

以膨胀珍珠岩或膨胀蛭石、胶凝材料为主要成分,掺加其他功能组分制成的用于建筑物墙体绝热的干拌混合物。使用时需加适当面层。

2. 术语

(1)露点

放置露点仪后玻璃表面局部冷却,当达到一定温度后,内部水汽在冷点部位结露,该温度为露点。

(2)基本平整制品

制品应具有以下某一个特征：

1) 平整受火面。

2) 如果制品表面不规则，但整个受火面均体现这种不规则特性，只要满足以下规定要求，可视为平整受火面。

在250 mm×250 mm的代表区域表面上，至少应有50%的表面与受火面最高点所处平面的垂直距离不超过6 mm；或对于有缝隙、裂纹或孔洞的表面，缝隙、裂纹或孔洞的宽度不应超过6.5 mm，且深度不应超过10 mm，其表面积也不应超过受火面250 mm×250 mm代表区域的30%。

(3)燃烧滴落物

在燃烧试验过程中，脱离试样并继续燃烧的材料。本标准将试样下方的滤纸被引燃作为燃烧滴落物的判据。

(4)导热系数

在稳定传热条件下，1m厚的材料，两侧表面的温差为1℃(K)，在1 h内，通过1 m^2面积传递的热量，单位：W/(m·K)。

(5)环境温度

试件边缘温度或整个防护热板组件的边缘温度。封闭装置为箱内温度，不封闭的为实验室温度。

3. 主要符号

ε——相对形变。

σ_m——压缩强度。

ε_{10}——相对形变为10%的压缩应力。

ρ_a——表观(体积)密度(表观总密度、表观芯密度、体积密度)。

ψ——软化系数。

OI——氧指数。

知识点二 保温隔热吸声材料检测的取样规定

1. 导热系数检测取样规定

(1)样品尺寸

厚度应符合产品标准要求，试件的尺寸应该完全覆盖加热单元的表面，试样表面应用适当方法加工平整，整个表面的不平行度应0.5 mm以内。

(2)样品数量

同一厂家同一品种的产品，当单位工程建筑面积在20 000 m^2 以下时各抽查不少于 3 次；当单位工程建筑面积在 20 000 m^2 以上时各抽查不少于 6 次。

2. 密度检测取样规定

(1)样品尺寸

硬质材料，试样的总表面积至少 100 cm；半硬质和软质材料试样体积至少 100 cm。试样的形状应便于体积的计算。切割试样时，不可使原始泡孔结构产生变形。对于硬质材料当表观总密度是用从大样品上切下的试样进行测定时，则模制时形成的表皮面积与总体积之比，试样和样品二者应相同。对于保温砂浆等需要成型的样品，其成型尺寸按照本规程相关试验方法进行。

(2)样品数量

同一厂家同一品种的产品，当单位工程建筑面积在 20 000 m^2 以下时各抽查不少于 3 次；当单位工程建筑面积在 20 000 m^2 以上时各抽查不少于 6 次。硬质材料至少 5 个试样；半硬质或软质材料至少 3 个试样。

3. 压缩强度检测取样规定

(1)样品尺寸

在使用中不保留模塑表皮的制品，应除去表皮，试样厚度应为(50±1)mm。使用时需带有模塑表皮的制品，其试样应取整个制品的原厚，但至少为 10 mm，最厚不得超过试样的宽度或直径。

试样的基面为正方形或圆形，面积在 25.0～230.0 cm^2。

试样两平行面的平行度公差不应超过 1%，推荐使用基面边长为(100.0±1.0)mm 的正四棱柱试样。

(2)试样制取

制取试样应不改变泡沫材料的原始结构。

制取试样应使其基准面与制品使用时要承受压力的方向垂直。如需要了解各项异性材料完整的特性，或不知道非均质材料的主要性能时，应制备两组试样。各项异性体的特性用一个平面及它的正交面来表示。试样不允许由几片薄片叠成。

(3)试样数量

同一厂家同一品种的产品，当单位工程建筑面积在 20 000 m^2 以下时各抽查不少于 3 次；当单位工程建筑面积在 20 000 m^2 以上时各抽查不少于 6 次。应从硬质泡沫塑料制品的块状材料或厚板中制取试样。取样方法和数量可参照有关泡沫塑料制品标准中的规定，但至少要取 5 个试样。

4. 抗压强度、软化系数、干燥收缩率取样规定

抗压强度、软化系数、干燥收缩率样品成型方法按照本规程相关试验方法进行。同一厂家同一品种的产品，当单位工程建筑面积在 20 000 m^2 以下时各抽查不少于 3 次；

当单位工程建筑面积在20 000 m^2 以上时各抽查不少于6次。

5. 憎水率检测取样规定

板状制品试样的尺寸为300 mm×150 mm，厚度为制品的原厚，管状制品试样长300 mm，横截面为半环形或扇形，壁厚为制品的原壁厚。制备试样时应尽可能使试样具有代表性，不要从带有折皱或表面破损的部位取样。泡沫塑料制品应去除表皮。

6. 体积吸水率检测取样规定

1)样品数量不得少于3块。

2)试样尺寸。试样长度150 mm，宽度150 mm，体积不小于500 cm^3。对带有自然或复合表皮的产品，试样厚度是产品厚度；对于厚度大于75 mm且不带表皮的产品，试样应加工成75 mm的厚度，两平面之间的平行度公差不大于1%。

3)试样的制备和调节。采用机械切割方式制备试样，试样表面应光滑、平整和无粉末，常温下放于干燥器中，每隔12 h称重一次，直至连续两次称重质量相差不大于平均值的1%。

7. 真空吸水率检测取样规定

在温度为(23±2)℃，相对湿度为(50±5)%的标准环境下，预置试样24 h。在试样上切取两块试件。板的试件尺寸为100 mm×100 mm原厚；管的试样尺寸为100 mm长。

8. 燃烧性能检测取样规定

(1)试样尺寸

使用规定的模板在代表制品的试验样品上切割试样。

试样尺寸为：长250^{0}_{-1} mm，宽90^{0}_{-1} mm。

名义厚度不超过60 mm的试样应按其实际厚度进行试验。名义厚度大于60 mm的试样，应提供完整制品或长250 mm的试样。

对于非平整制品，试样可按其最终应用条件进行试验(如隔热导管)，应提供完整制品或长250 mm的试样。

(2)试样数量

对于每种点火方式，至少应测试6块具有代表性的制品试样，并应分别在样品的纵向和横向上切制3块试样。

若试验用的制品厚度不对称，在实际应用中两个表面均可能受火，则应对试样的两个表面分别进行试验。

若制品的几个表面区域明显不同，则应再附加一组试验来评估该制品。

如果制品在安装过程中四周封边，但仍可以在未加边缘保护的情况下使用，应对封边的试样和未封边的试样分别试验。

(3)基材选取

若制品在最终应用条件下是安装在基材上，则试样应能代表最终应用状况。且应根据 EN13238 选取基材。

9. 氧指数检测取样规定

1)按产品标准或按《计数抽样检验程序》(GB/T 2828.1—2828.11)的有关规定取样。

2)按产品标准的有关规定或按《塑料垫固性塑料试样的压塑》(GB/T 5471—2008)、《塑料热塑性塑料材料试样的压塑》(GB/T 9352—2008)、《塑料多用途试样》(GB/T 11997—2008)等有关标准，模塑或切割符合尺寸规定要求的试样。

3)试样类型、尺寸和用途见表 8-1。

表 8-1 试样类型、尺寸和用途 (单位：mm)

类型	类型	长		宽		厚		用途
		基本尺寸	极限偏差	基本尺寸	极限偏差	基本尺寸	极限偏差	
自撑材料	Ⅰ	80～100	—	10	±0.5	4	±0.5	用于模塑材料
	Ⅱ					10	±0.5	用于泡沫材料
	Ⅲ					<10.5		用于原厚的片材
	Ⅳ	70～100		6.5		3	±0.5	用于电器用模塑料或片材
非自掌材料	Ⅴ	140	−5	52		≤10.5	—	用于软片或薄膜等

4)试样数量每组至少 15 条。

5)试样表面清洁，无影响燃烧行为的缺陷，如：气泡、裂纹、溶胀、飞边、毛刺等。

6)对Ⅰ、Ⅱ、Ⅲ、Ⅳ型试样，标线划在距点燃端 50 mm 处，对Ⅴ型试样，标线划在框架上，或划在距点燃端 20 mm 和 100 mm 处。

任务 导热系数性能检测

【学习目标】

1)了解保温材料的基本性能及特点。

2)掌握导热系数性能检测的方法。

【知识要点】

1. 概述

保温材料的导热系数是反映其导热性能的物理量，它不仅是评价材料热力学性能的指标，并且是材料在节能工程应用时的一个重要设计依据。

在工程开工前的图纸设计，以及竣工后建筑节能的评定，都必须进行热工计算，其中导热系数是保温材料最重要的热物性指标。为了使热工计算结果准确，使其与材料的实际使用情况相符，我们就必须正确地选择材料的导热系数。

同时，材料的导热系数受许多因素的影响，例如：材料的化学成分、密度、温度、湿度等；在实际使用中，由于气候、施工工艺、施工水分等各方面的影响，都会导致材料的保温性能下降。

所以不应将实验室的测定值不加修正地应用于所有的使用情况。在通常的热工计算中，我们引入了导热系数的修正因子，（例如：XPS 板 $\alpha=1.10$、EPS 板 $\alpha=1.20$），这就将各种不利影响因素考虑进去。从而使热工计算结果更符合了实际，或是更保守了一些。

在热工计算或保温图集中，材料的导热系数一般是选取产品标准中的规定值。因此，我们只要严格按照标注要求，对保温材料导热系数进行检测，把好产品使用前的质量关，就能确保材料在实际使用中满足其设计要求。

2. 基本定义

1）导热系数：在稳定传热条件下，1 m 厚的材料，两侧表面的温差为 1 K 时，在 1 h 内，通过 $1m^2$ 面积传递的热量。

2）公式：$\lambda=\dfrac{Qd}{A\Delta T}$ [W/(m·K)]。

3）表征：物质导热能力的大小（与材料的厚度、温差无关）。

4）注意：稳态条件下，材料应为单一均质的干燥材料。

3. 影响因素

导热系数因物质种类不同而异，还与其温度、湿度、压力等因素有关。

1）温度：大多数材料，在一定温度范围内，导热系数可认为是温度的线性函数；金属材料，$b<0$，λ 随 t 升高而减小；非金属材料，$b>0$，λ 随 t 升高而增大。

2）湿度：材料导热系数一般随着自身湿度的增大而增大。对于湿材料的导热系数，比干材料和水都要大。

4. 保温材料及其特点

1）定义：凡平均温度不高于 350℃，导热系数不大于 0.12 W/(m·K)的材料统称为保温材料。

2）结构特点：多孔体或纤维性材料。这些材料由于存在孔隙，其中填充低导热系数的气体（如空气：0.0243 W/(m·K)），因此整体具有了良好保温性能。

3）与均质材料的区别：由于孔隙的存在，严格说保温材料不应视为均质介质，但如果孔隙的大小和物体的总几何尺寸比起来很小的话，仍可以有条件地认为它们是均质介质，用“表观导热系数”来考虑。

这种情况下材料内部的实际传热包括以下不同方式的复杂组合：

①辐射；

②固相和气相的传导；

③对流；

其次，还有三者之间的相互作用和传质。尤其是在含湿材料的情况下，传热过程更为复杂。

根据 ISO9288，该性质应被称作“传递系数”，因为它可能受测试条件的影响（在相同的测试平均温度下，传递系数可能在很大程度上取决于试件的厚度或温差）。这种性质也被称为“表观导热系数”或“有效导热系数”。

4）导热系数影响因素：材料密度和性质、平均温度、闭孔中气体组成、开闭孔率、含湿量等；

①导热系数随平均温度的升高而增大；

②人为地增加材料的孔隙可以提高保温性能；

③材料密度减小到一定程度后，密度的减小又会使导热系数增大；

（原因：人为地增加材料的孔隙可以提高保温性能，但密度轻到一定程度后，小的孔隙变大或连成沟道时，引起孔隙内的空气的对流作用及孔隙间的辐射作用都有所加强，反而使材料的整体表观导热系数升高。）

④湿度的影响：保温材料多孔状的结构，当水分侵入时，不仅替代孔隙内的部分空气，更重要的是水分存在大大加快了热量的传递。因此保温材料的干湿状态对导热系数测试结果会有很大的影响。样品测试前必须严格进行状态调节。

5. 相关产品标准

（1）EPS 板（表 8-2）

表 8-2　GB/T 10801.1—2002《绝热用模塑聚苯乙烯泡沫塑料》

<table>
<tr><td>分类</td><td>Ⅰ Ⅱ</td><td colspan="2">Ⅲ Ⅳ Ⅴ Ⅵ</td></tr>
<tr><td>导热系数
[W/(m·K)]</td><td>≤0.041</td><td colspan="2">≤0.039</td></tr>
<tr><td>试样厚度(mm)</td><td>25±1</td><td>平均温度(℃)</td><td>25±2</td></tr>
<tr><td>状态调节</td><td>23/50 二级环境
下调节 16 h</td><td>温差(℃)</td><td>15～20</td></tr>
<tr><td>依据标准</td><td colspan="3">《绝热材料稳态热阻及有关特性的测定防护热板法》(GB/T 10294—2008)(仲裁)
《绝热材料稳态热阻及有关特性的测定热流计法》(GB/T 10295—2008)</td></tr>
</table>

(2)XPS 板(表 8-3)

表 8-3　GB/T 10801.2－2002《绝热用挤塑聚苯乙烯泡沫塑料》

分类		带表皮		不带表皮	
		X150～X300	X400～X500	W200	W300
导热系数 [W/(m·K)]	平均温度 10℃	≤0.028	≤0.027	≤0.033	≤0.030
	平均温度 25℃	≤0.030	≤0.029	≤0.035	≤0.032
25 mm 热阻 [(m^2·K)/W]	平均温度 10℃	≥0.89	≥0.93	≥0.76	≥0.83
	平均温度 25℃	≥0.83	≥0.86	≥0.71	≥0.78
平均温度(℃)	10±2 25±2		温差(℃)	15～25	
依据标准	《绝热材料稳态热阻及有关特性的测定防护热板法》(GB/T 10294－2008)(仲裁) 《绝热材料稳态热阻及有关特性的测定热流计法》(GB/T 10295－2008)		状态调节	23/50 二级环境	

(3)柔性泡沫橡塑绝热制品(表 8-4)

表 8-4　GB/T 17794－2008《柔性泡沫橡塑绝热制品》

分类		Ⅰ类 板(管)	Ⅱ类 板(管)
导热系数 [W/(m·K)]	平均温度－20 ℃	≤0.034	
	平均温度 0 ℃	≤0.036	
	平均温度 40 ℃	≤0.041	
依据标准	《绝热层稳定传热性质的测定图管法》(GB/T 10294－2008)(仲裁) 《绝热层稳定传热性质的测定图管法》(GB/T 10295－2008) 《绝热层稳定传热性质的测定图管法》(GB/T 10296－2008)	状态调节	按《塑料试样状态调整试验的标准环境》(GB/T 2918—1998)进行
备注	当管由于形状不适宜进行试验或制备时,应以同一配方、同一工艺、同期生产的板代替		

(4)聚氨酯(表 8-5)

表 8-5 JC/T 998－2006《喷涂聚氨酯硬质泡体保温材料》

分类		Ⅰ类(墙面)	Ⅱ类(屋面)
导热系数［W/(m·K)］		≤0.024	
平均温度(℃)	23±2	试样厚度(mm)	25
依据标准	《绝热层稳定传热性质的测定图管法》(GB/T 10294－2008)	状态调节	23/50 二级环境调节 72 h

(5)玻璃棉、岩棉和矿渣棉

《绝热用玻璃棉及其制品》(GB/T 13350－2008)

《绝热用岩棉、矿渣及其制品》(GB/T 11835－2007)

1)按其形状分类:棉、板、带、毯、毡、管壳;

2)导热系数平均温度:玻璃棉(70 ℃)、岩棉、矿渣棉(70 ℃);

3)依据标准:《绝热层稳定传热性质的测定图管法》(GB/T 10294－2008)(仲裁)、《绝热层稳定传热性质的测定图管法》(GB/T 10295－2008)、《绝热层稳定传热性质的测定图管法》(GB/T 10296－2008)。

【任务要求】

能在一维稳态情况下,用防护热板法进行导热系数检测,并完成实验报告,见表 8-7。

【主要仪器】

1. 量具

参见表 8-6。

表 8-6 量具

测试部位	尺寸范围	精度要求	量具	读数中值精确度
长、宽	＞100 mm	0.5 mm	直尺、游标卡尺	1 mm
厚度	10～100 mm	0.1 mm	游标卡尺	0.2 mm

2. 导热系数仪

导热系数仪参见图 8-1～图 8-3。

低温导热系数仪的技术指标:

1)导热系数测量:

①测量范围:0.005～2.20 W/(m·K);

②测量重复性:优于±1.5%;

③测量的精度:优于±2.5% 。

图 8-1　平板导热仪

图 8-2　防护热板式导热系数仪

2)仪器温度范围：

①冷板温度：−30 ℃～90 ℃，热板温度：−20 ℃～90 ℃；

②平均温度范围：−20 ℃～80 ℃。

图 8-3　低温导热系数仪

3)试件规格要求：

①尺寸：300 mm×300 mm；

②厚度：最大可达 45 mm 。

4)该仪器设备的特点：

①测试平均温度范围宽，对常用保温材料导热系数测试温度要求均可满足。

②实现了在测试条件下，对试件厚度的直接测量。

③仪器配置了夹持力控制与显示模块，对其夹持力可进行监控和调节。

④能实现对粉状样品导热系数的测试。

3. 其他设备

1)样品制备过程中的切割工具(图 8-4)。

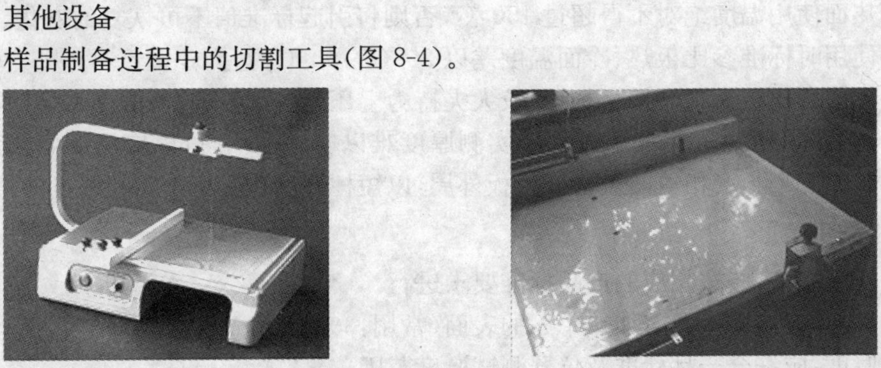

图 8-4　热熔切割工作台

2)对硬质材料试件表面平整度研磨的工具(图 8-5)。

3)对样品进行状态调节的设备(图 8-6)。

4)标准参比板(图 8-7)。

图 8-5　砂轮

图 8-6　恒温恒湿养护箱

图 8-7　标准参比板

标准板使用应注意的事项：

①使用前应在(105±5)℃干燥箱内干燥 48 h 以上,烘至绝干后才能用于标定工作。

②热面使用温度绝对不得超过 150 ℃,否则将引起标准值不可恢复的变化。

③使用时标准参比板热、冷面温度差以 20 ℃～50 ℃为宜。

④标准参比板为半硬性材料,受较大夹持力会压缩变形,在计算导热系数时应采用测量时的实际厚度。如果测试过程中实测厚度难以实现的话,可以应用低导热系数钢性材料制作三个长度相等的短柱嵌入板外周,以短柱高度作为标准参比板的厚度。

【检测步骤】

1)样品制备:应按相应的产品标准要求进行。

①尺寸:应该完全覆盖加热单元的表面(常用:300 mm×300 mm);

②厚度:应符合产品标准及仪器测试厚度范围;

③平整度、平行度:如试件表面不平,应采取适当方法加工平整,整个表面的不平行

度应小于 0.5 mm；

④试件数量：由仪器形式确定。应注意：当采用双试件时，厚度差别应小于 2%。

2)样品状态调节。

3)完成样品质量的称量。

4)将样品安装在导热系数仪的固定位置。

5)进行厚度测量。

6)设置仪器参数。

7)测试开始。

8)当达到平衡的时候，进行数据采集和结果的计算。

9)护热板法中导热系数 λ 的计算公式：

$$\lambda = \frac{Q \cdot d}{A(T_1 - T_2)}$$

式中　Q——加热单元计量部分的平均热流量，其值等于平均发热功率(W)；

d——试件平均厚度(m)；

T_1——试件热面温度平均值(K)；

T_2——试件冷面温度平均值(K)；

A——计量面积(双试件装置需乘以 2)(m^2)。

表 8-7　导热系数实验

试验日期：________________实验小组成员：________________

气温/室温：________________

(1)实验仪器

____

(2)实验记录

①样品名称及规格型号；

②试件的制备过程；

③试件的状态调节；

④检测装置的型式及运行情况；

⑤测试条件下试件的厚度及夹持压力；

⑥数据采集：达到稳定条件后试件的平均温差、平均温度、热流密度的采样值；

⑦数据整理：结果的计算及表示；

练习题

1. 下列选项中可视为平整受火面的是(　　)。

A. 250 mm×250 mm 的代表区域表面上,有 40%的表面与受火面最高点所处平面的垂直距离为 5 mm

B. 250 mm×250 mm 的代表区域表面上,有 50%的表面与受火面最高点所处平面的垂直距离为 6 mm

C. 250 mm×250 mm 的代表区域表面上,有 60%的表面与受火面最高点所处平面的垂直距离为 7 mm

D. 250 mm×250 mm 的代表区域表面上,有 70%的表面与受火面最高点所处平面的垂直距离为 8 mm

2. 胶粉聚苯颗粒保温浆料是由胶粉料和聚苯颗粒组成并且聚苯颗粒体积比不小于(　　)的保温灰浆。

A. 65%　　B. 70%

C. 75%　　D. 80%

3. 氧指数检测取样规定其试样数量每组至少为(　　)条。

A. 5　　B. 10

C. 12　　D. 15

4. 燃烧性能检测取样规定中的试样尺寸应为:长________mm,宽________mm。

5. 真空吸水率检测取样规定为:在温度为________,相对湿度为________的标准环境下,预置试样________h。在试样上切取两块试件。

6. 导热系数因物质种类不同而异,还与其________、湿度、________等因素有关。

7. 材料导热系数一般随着自身湿度的增大而________。对于材料的导热系数,比干材料和水都要________。

8. 在保温隔热吸声材料导热系数检测取样中,样品应如何进行抽查?

9. 保温材料与均质材料的区别有哪些?

练习题答案

1. B
2. D
3. D
4. 250　90
5. (23±2)℃　(50±5)%　24
6. 温度　压力
7. 增大　大
8. 同一厂家同一品种的产品，当单位工程建筑面积在 20 000 m^2 以下时各抽查不少于 3 次；当单位工程建筑面积在 20 000 m^2 以上时各抽查不少于 6 次。
9. 由于孔隙的存在，严格说保温材料不应视为均质介质，但如果孔隙的大小和物体的总几何尺寸比起来很小的话，仍可以有条件地认为它们是均质介质，用"表观导热系数"来考虑。

参 考 文 献

[1] 姜志青.道路建筑材料[M].北京:人民交通出版社,2007.
[2] 符芳.建筑材料[M].南京:东南大学出版社,2007.
[3] 王忠德.实用建筑材料试验手册[M].北京:中国建筑工业出版社,2008.
[4] 张建.建筑材料与检测[M].北京:化学工业出版社,2007.
[5] 高琼英.建筑材料[M].武汉:武汉理工大学出版社,2007.
[6] 魏红汉.建筑材料[M].北京:中国建筑工业出版社,2006.